SMT 基础与工艺

主 编 ◎李 勇 夏 明 陈骁康

西南交通大学出版社
·成 都·

图书在版编目（CIP）数据

SMT 基础与工艺 / 李勇，夏明，陈骁康主编. --成
都：西南交通大学出版社，2024.3
ISBN 978-7-5643-9778-4

Ⅰ. ①S… Ⅱ. ①李… ②夏… ③陈… Ⅲ. ①SMT 技术
－教材 Ⅳ. ①TN305

中国国家版本馆 CIP 数据核字（2024）第 064844 号

SMT Jichu yu Gongyi
SMT 基础与工艺

主　编 / 李　勇　夏　明　陈骁康　　责任编辑 / 赵永铭
封面设计 / 吴　兵

西南交通大学出版社出版发行

（四川省成都市金牛区二环路北一段 111 号西南交通大学创新大厦 21 楼　610031）
营销部电话：028-87600564　　028-87600533
网址：http://www.xnjdcbs.com
印刷：四川森林印务有限责任公司

成品尺寸　185 mm×260 mm
印张　10　　字数　247 千
版次　2024 年 3 月第 1 版　　印次　2024 年 3 月第 1 次

书号　ISBN 978-7-5643-9778-4
定价　30.00 元

前　言

　　SMT 是一门包含元器件、材料、设备、工艺以及表面组装电路基板设计与制造的综合电子产品装联技术，是在传统 THT 通孔插装元器件装联技术基础上发展起来的新一代微组装技术。随着半导体材料、元器件、电子与信息技术等相关技术的发展，使 SMT 组装的电子产品更具有体积小、性能好、功能全、价位低的综合优势，适应了数码电子产品向"短、小、轻、薄"，多功能，高可靠，优质量，低成本方向发展需求，成为世界电子整机组装技术的主流。SMT 作为新一代电子装联技术已广泛地应用于各个领域的电子产品装接中。

　　近年来，电子信息、通信、互联网与物联网、AI 人工智能与大数据技术的电子产品，以微组装为主，也推动 SMT 的进一步发展，我国电子制造业急需大量掌握 SMT 知识与技能的专业技术人才。

　　本书针对 SMT 产品制造业的技术发展及岗位需求，详细介绍了 SMT 主要设备的性能、操作方法、日常维护，以及 SMT 装联技术中的焊锡膏印刷、自动贴片、回流焊接、智能清洗等技能型人才应该掌握的关键核心技术，特别强调了生产现场的工艺指导。书中对应配置了大量实物图片，用以辅助学习。

　　本书在编写过程中参考了大量 SMT 技术资料，同时也得到了电子产品制造企业工程技术人员在生产制程方面的具体指导，在此并向各位作者和专家表示一并致谢。

　　本书可以作为职业院校电子技术应用专业教材，亦可以作为电子材料与元器件制造行业的培训教材，还可供从事 SMT 产业的工程技术人员自学和参考。

　　由于编者水平有限，不足之处在所难免，真诚希望读者提出宝贵意见。

编　者

2023 年 11 月

目 录

项目 1 SMT 基础

表面组装技术（Surface Mounted Technology，SMT）又称表面贴装技术、表面安装技术，是目前电子组装行业里最流行的一种技术和工艺。它是一种将无引脚或短引脚表面组装元器件安装在印制电路板的表面或其他基板的表面上，通过再流焊或浸焊等方法实现焊接组装的电路装联技术。

1.1 SMT 的产生背景和特点

1.1.1 SMT 的产生背景

电子应用技术的快速发展，表现出智能、多媒体和网络化三个显著的特征。这种发展趋势和市场需求对电路组装技术提出了如下要求。

（1）高密度化。即单位体积电子产品处理信息量的提高。

（2）高速化。即单位时间内处理信息量的提高。

（3）标准化。用户对电子产品多元化的需求，使少量品种的大批量生产转化为多品种、小批量的柔性化生产，这样必然对元器件及装配手段提出更高的标准化要求。

1.1.2 SMT 的主要特点

相对于通孔插装技术（Through Hole Technology，THT），SMT 主要有以下特点：

（1）可靠性高，抗振能力强，焊点缺陷率低。

（2）高频特性好，减少了分布电容，更加适应 5G 技术发展。

（3）组装密度高，电子产品体积小、质量轻，功能更强大。

（4）成本低，易于实现自动化、提高生产效率。

1.2 SMT 的发展

1.2.1 SMT 的发展历程

美国是世界上最早出现 SMT 的国家，在消费类电子产品和军事装备领域，其 SMT 高组装密度和高可靠性能优势明显。

日本在 20 世纪 70 年代从美国引进了 SMT，并应用于消费类电子产品领域。

欧洲各国 SMT 的起步较晚，但他们重视发展并有较好的工业基础，发展迅速，其发展水平和整机中 SMC/SMD 的使用率，仅次于日本和美国。

20 世纪 80 年代以来，新加坡、韩国等国家不惜投入巨资，纷纷引进电子制造先进技术，使 SMT 获得迅猛发展。

我国 SMT 的应用起步于 20 世纪 80 年代初期，最初是从美国、日本等国家成套引进，SMT 生产线用于彩色电视机调谐器的生产，后又逐步应用于录像机、摄像机及袖珍式高档多波段收音机、随身听等电子产品的生产中。近几年，在计算机、通信设备、航空航天电子产品中也逐渐得到应用。

进入 21 世纪以来，我国 SMT 引进步伐大大加快。我国海关公布的贴片机引进数据起始于 2000 年，当年公布的贴片机年引进量为 1 370 台，之后平均每年的递增率高达 50% 以上。目前，我国已成为全球规模最大、种类最齐全的 SMT 市场。

1.2.2 SMT 的发展趋势

1. SMT 元器件的发展

元器件是 SMT 的推动力，而 SMT 的进步，也推动着芯片封装技术不断提升。片式元器件是应用最早、产量最大的表面组装元器件，SMT 应用越来越普及后，相应的 IC 封装开发出了适用于 SMT 的短引脚、无引脚陶瓷芯片载体，有引脚塑料芯片载体，集成电路封装等结构。

随着无源器件以及 IC 等全部埋置在基板内部的三维封装的最终实现，引线接合、CSP 超声焊接、堆叠装配技术等也将进入板级组装工艺范围。

2. SMT 工艺材料和免清洗焊接技术的发展

常用的 SMT 工艺材料包括锡膏、贴片胶、助焊剂等。随着国家对环保的要求以及人们环保意识的不断提高，绿色化生产已经成为生产中的新理念。无铅焊料将是目前乃至将来一段时间内的主流。

3. 印制电路板的发展

印制电路板（Printed Circuit Board，PCB）的创造者是奥地利人保罗·爱斯勒（Paul Eisler）。他于 1936 年在收音机里采用了 PCB。1943 年，美国人将该技术运用于军用收音机。1948 年，美国正式认可此发明可用于商业用途。自 20 世纪 50 年代中期起，PCB 才开始被广泛运用。目前我国 PCB 的产量约占世界总量的 25%。

4. SMT 设备的发展

SMT 设备主要包括印刷机、贴片机、再流焊机等。印刷机经历了手动印刷机、半自动印刷机和全自动印刷机的发展过程。贴片机正向着高速、高精度和多功能方向发展。再流焊机正向着更加精准的温度控制、更好的工艺曲线方向发展。

新的 SMT 设备正朝高效、灵活、智能、环保等方向发展，这是市场竞争所决定的，也是科技进步所要求的。

5. SMT 生产线的发展

SMT 生产线正向高效率方向发展，这就要求 SMT 的生产准备时间尽可能短。高生产效率是衡量 SMT 生产线的重要性能指标，SMT 生产线的生产效率体现在产能效率和控制效率两方面。

SMT 总的发展趋势是元器件越来越小、组装密度越来越高、组装难度也越来越大。

1.3　SMT 组成与工艺内容

SMT 是在通孔插装技术（THT）的基础上发展而来的，是一个复杂的系统工程，它包括表面组装元器件、印制电路板、表面组装设计、表面组装工艺、表面组装设备、表面组装焊接材料、表面组装检测和系统控制等技术。

1.3.1　SMT 的组成

图 1-1 所示为 SMT 体系。表面组装元件（SMC）和表面组装器件（SMD）是 SMT 的基础。基板是元器件互连的结构件，在保证电子组装的电气性能和可靠性方面起着重要作用。

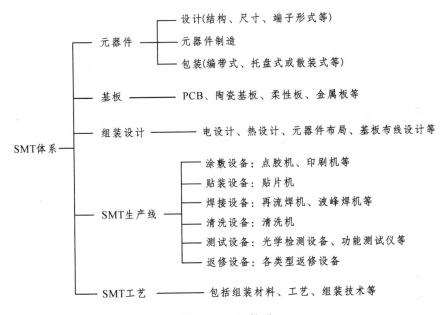

图 1-1　SMT 体系

SMT 是从传统的 THT 发展起来的，但又区别于传统的 THT。

从组装工艺技术的角度分析，SMT 和 THT 的根本区别是"贴"和"插"。此外，二者的差别还体现在基板、元器件、组件形态、焊点形态和组装工艺方法等方面。

如前所述，表面组装技术和通孔插装技术相比，具有以下优点：

（1）组装密度高，电子产品体积小、质量轻。贴片元器件的体积和质量只有传统插装元器件的 10%左右。

（2）可靠性高，抗振能力强，焊点缺陷率低。

（3）高频特性好，减少了电磁和射频干扰。

（4）易于实现自动化，提高了生产效率。

（5）成本可降低 30%～50%。

1.3.2　SMT 工艺内容与分类

1. SMT 工艺内容

SMT 工艺内容主要包括组装材料、组装工艺、组装技术和组装设备四部分，如表 1-1 所示。

表 1-1　SMT 工艺内容

工艺内容	项目名称	项目介绍
组装材料	涂敷材料	锡膏、焊料等
	工艺材料	助焊剂、清洗剂等
组装工艺	组装方式	单面混合组装、双面混合组装等
组装技术	涂敷技术	点涂、印刷等
	贴装技术	顺序式、在线式等
	焊接技术	再流焊、波峰焊等
	清洗技术	溶剂清洗、水清洗
	检测技术	接触式检测、非接触式检测
组装设备	涂敷设备	点胶机、印刷机等
	贴装设备	各类贴片机
	焊接设备	波峰焊设备、再流焊设备等
	清洗设备	清洗机
	测试设备	光学检测设备、功能测试仪等

2. SMT 工艺分类

SMT 生产一般包括印刷、贴片、再流焊、检测四个环节。

SMT 生产工艺按元器件的贴装方式，可以分为纯 SMT 装联工艺和混合装联工艺；按电路板元器件分布，可以分为单面和双面工艺；按元器件粘接到电路板上的方法，可以分为锡膏工艺和红胶工艺；按照焊接方式，可以分为再流焊工艺和波峰焊工艺。

（1）锡膏工艺。

先将适量的锡膏印刷到印制电路板的焊盘上，再将片式元器件贴放在印制电路板表面规定的位置上，最后将贴装好元器件的印制电路板放在再流焊机的传送带上，从再流焊机入口到出口，大约需要 5 min 就可以完成干燥、预热、熔化、冷却等全部焊接过程。图 1-2 所示为再流焊工艺简图。

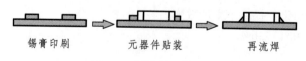

锡膏印刷　　　　元器件贴装　　　　再流焊

图 1-2　再流焊工艺简图

（2）红胶工艺。

先将微量的贴片胶（红胶）印刷或滴涂到印制电路板相应位置（贴片胶不能污染印制电路板焊盘和元器件端头），再将片式元器件贴放在印制电路板表面规定的位置上，并对印制电路板进行胶固化。固化后的元器件被牢固地黏接在印制电路板上，然后插装分立元器件，最后与插装元器件同时进行波峰焊接。图 1-3 所示为单面红胶工艺流程图。

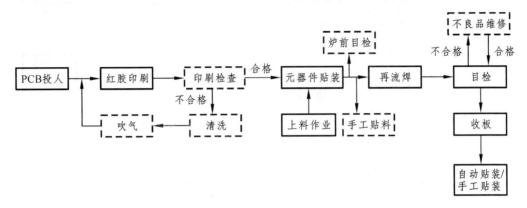

图 1-3　单面红胶工艺流程图

（3）元器件的组装方式。

第一类是单面混合组装，即 SMC/SMD 分布在与 THT 不同的面上，PCB（印制电路板）的焊接面仅为单面。

第二类是双面混合组装，SMC/SMD 和 THC 可混合分布在 PCB 的同一面，同时，SMC/SMD 也可分布在 PCB 的双面。

第三类是全表面组装，在 PCB 上只有 SMC/SMD 而无 THT。

3. SMT 生产线

一条基本的 SMT 生产线，主要由表面涂敷设备、贴装设备、焊接设备、清洗设备和检测设备组成，设备的总价值通常在数百万元至千万元不等。

1.4　生产线的基本组成

1.4.1　再流焊工艺

再流焊也称为回流焊。再流焊技术主要用于焊接采用表面组装技术的电子元器件。再流焊工艺流程如图 1-4 所示。

选择再流焊工艺时，SMT 最基本的生产工艺一般包括锡膏印刷、贴片和再流焊三个步骤，所以要组成一条最基本的 SMT 生产线，主要包括上板机、锡膏印刷机、贴片机和再流焊机等设备。

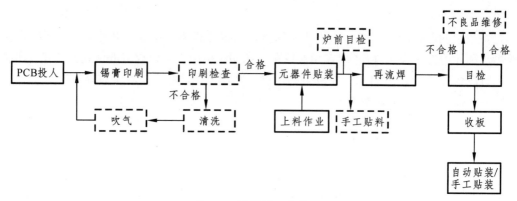

图 1-4　再流焊工艺流程

1. 上板机

上板机（见图 1-5）的主要作用是将放置在料筐中的 PCB 一块接一块地送到锡膏印刷机。

图 1-5　上板机

2. 锡膏印刷机

锡膏印刷机（见图 1-6）的功能是将锡膏或贴片胶正确地通过钢网漏印到印制电路板相应位置上。

图 1-6　锡膏印刷机

3. 贴片机

贴片机（见图 1-7）的作用是把贴片元器件按照事先编制好的程序，通过供料器将元器件从包装中取出，并精确地贴装到印制电路板相应的位置上。

图 1-7　贴片机

4. 再流焊机

再流焊机（见图 1-8）主要用于各类表面组装元器件的焊接，其作用是通过重新熔化预先分配到印制电路板焊盘上的膏状软钎焊料，实现表面组装元器件焊端或引脚与印制电路板焊盘之间的机械与电气连接。

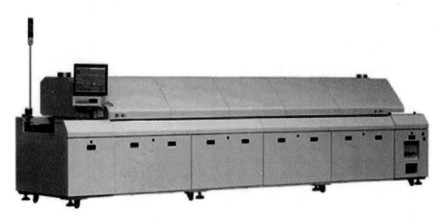

图 1-8　再流焊机

波峰焊是让插件板的焊接面直接与高温液态锡接触以达到焊接目的，其高温液态锡保持一个斜面，并由特殊装置使液态锡形成一道道类似波浪的现象，所以称为"波峰焊"。图 1-9 所示为波峰焊工艺简图。

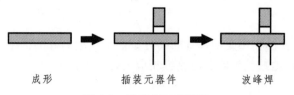

成形　　　　　　插装元器件　　　　　　波峰焊

图 1-9　波峰焊工艺简图

波峰焊机主要由传送带、助焊剂添加区、预热区和波峰锡炉组成，如图 1-10 所示。

图 1-10　波峰焊机

1.4.2　SMT 生产对环境及人员的要求

1. SMT 车间生产环境要求

（1）电源。

电源电压和功率要符合设备要求，电压要稳定，要求单相交流 220 V（允许误差为±10%，50/60 Hz）、三相交流 380 V（允许误差为±10%，50/60 Hz），如果达不到要求，需配置稳压电源，电源的功率要大于功耗的一倍以上。

（2）温度。

印刷工作间环境温度以（23±3）℃ 为最佳，一般设定为 17～28 ℃。如果达不到，可适当放宽要求，但不能超出 15～35 ℃ 范围。

（3）湿度。

一般要求厂房内相对湿度（RH）在 45%～70%，也有的规定 30%～55%，宽松一些的可扩大到 40%～80%。

（4）空气洁净度。

车间空气洁净度最好达 5 级，遵循《洁净厂房设计规范》（GB 50073—2013）。在空调环境下，要有一定的新风量，尽量将二氧化碳含量控制在 1 000 mg/L 以下，一氧化碳含量控制在 10 mg/L 以下，以保证人体健康。为保证这样的环境，人员进入厂房时必须抽取真空，确保整个厂房内有负压。

（5）排风。

再流焊和波峰焊设备都要求排风良好。

（6）防静电。

生产设备必须接地良好，应采用三相五线制并独立接地。生产场所的地面、工作台垫、座椅等均应符合防静电要求。

（7）照明。

厂房内应有良好的照明条件，理想的照度为 800～1 200 lx，至少不能低于 300 lx。太暗会影响工作效率与品质，太亮会损害视力。

2. SMT 生产对操作人员专业能力及素质的要求

SMT 生产车间组织架构如图 1-11 所示。操作人员的专业能力和素质直接影响生产线的效率和产品合格率。

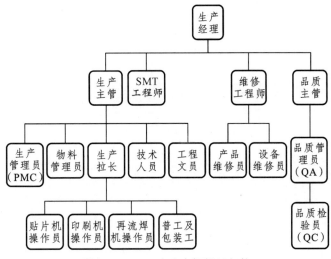

图 1-11 SMT 生产车间组织架构

操作人员的一般工作职责如下：

（1）服从管理、听从指挥。遵守车间规章制度，按生产计划实施生产，保质保量完成任务。

（2）服从技术人员的工艺指导，严格执行产品质量标准和工艺规程。

（3）严格遵守生产工艺文件、安全操作规程、设备操作规程，不违章操作。

（4）合理领用辅料，控制辅料的消耗。节约用电、用水，节能降耗，降低生产成本。

（5）配合做好生产准备工作，做好生产自检并协助其他操作人员进行自检，提高生产质量。

（6）及时解决、上报生产过程中出现的问题。必须做到不合格半成品及时处理，不合格产品不下放。

（7）每天认真检查、维护、保养好使用的生产工具和设备，合理使用生产工具和设备，提高生产安全率。

（8）认真做好本职工作，保持机台卫生。

（9）积极参加车间组织的培训，认真做好岗位间的协调工作。

（10）完成上级领导安排的其他一切任务。

SMT 操作人员的工作主要是操作 SMT 的相关设备，如贴片机、锡膏印刷机、再流焊机等，并会处理一些简单的故障，保证生产顺利进行。

2.1　SMT 元器件的特点和种类

2.1.1　SMT 元器件的特点

（1）在 SMT 元器件的电极上，有些焊端完全没有引线，有些只有非常小的引线。无引线或短引线，减少了寄生电容和寄生电感，从而改善了电路高频特性，有利于提高工作频率与运行速度。

（2）IC（集成电路）的引脚中心距已由 1.27 mm 减小到 0.3 mm，不仅节省电路板上所占面积，而且也影响器件和组件的电学特性。

（3）布局简单、结构牢固，元器件紧贴在印制电路板表面上，提高了可靠性和抗震性。

（4）工艺特点：

①组装时没有引线打弯、剪线。

②在制造印制板时，减少了插装元器件的通孔。

③尺寸和形状标准化，能够采取自动贴装机进行自动贴装，效率高、可靠性好，便于大批量生产，综合成本较低。

注意事项：

①由于表面元器件都紧紧贴在基板表面上，元器件与 PCB 表面非常贴近，基板上的空隙就相当小，给清洗造成困难，要达到清洁的目的，必须要有非常良好的工艺控制。

②元器件体积小，一般不设标记（通常在整体外包装上有标记），一旦弄乱就不容易搞清楚（见图 2-1）。

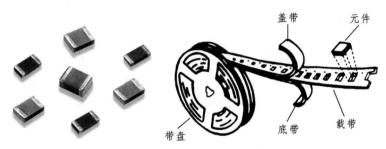

图 2-1　无标识元器件与包装

③表面元器件返修相对困难。

④散热装置不易安装。

⑤电源，信号插孔设计应合理，方便用户使用。

⑥元器件发布一致性要好，减小布电容，以满足电路高频特性。

2.1.2 SMT 元器件种类

从结构形状分，SMT 元器件包括薄片矩形、圆柱形、扁平形等。从供电方式上分，SMT 元器件有无源元件 SMC(Surface Mounted Component，表面组装元件)与有源半导体器件 SMD (Surface Mounted Daices，表面组装器件) 两类。无源元件主要包括电阻器、电容器、电感器，有源半导体器件 SMD 包含 PN 结结构的晶体管、集成电路等。

2.2 SMC 电阻器

2.2.1 SMC 固定电阻器

1. 识别方法

（1）电阻器元件表面以黑颜色表示（见图 2-2 ）。

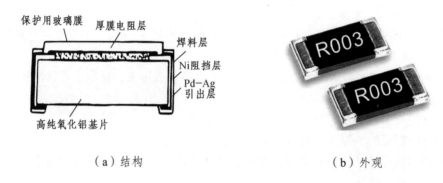

（a）结构   （b）外观

图 2-2　电阻器元件

（2）精度和标记识别。

精度通常有 1%、5%、10%。根据精度要求的不同，电阻器在价格上可能有很大差别。例如，精度为 1% 的电阻器通常要比精度为 5% 的电阻器贵一倍。电阻值允许偏差±10%，称为 E12 系列；电阻值偏差±5%，称为 E24 系列；电阻器允许偏差±1%，称为 E96 系列。

当片式电阻阻值精度为 5% 时，通常采用 3 个数字（包括字母）表示：跨接电阻记为 000；阻值小于 10 Ω 的，在两个数字之间补加 "R"；阻值在 10 Ω 以上的，则最后一数值表示增加的零的个数。例如，4.7 Ω 记为 4R7，100 Ω 记为 101，56 kΩ 记为 563。

当片式电阻阻值精度为 1% 时，采用 4 个数字（包括字母）表示：前面 3 个数字为有效数，第 4 位表示增加的零的个数；阻值小于 10 Ω 的，补加 "R"；阻值为 100 Ω，则在第 4 位补 "0"。例如，4.7 Ω 记为 4R70，100 Ω 记为 1000，1 MΩ 记为 1004，10 Ω 记为 10R0。

2. 外形尺寸

片状表面组装电阻器（见图 2-3、图 2-4）是根据其外形尺寸的大小划分成几个系列型号的，欧美产品大多采用英制系列，日本产品大多采用公制系列，我国这两种系列都可以使用。无论哪种系列，系列型号的前两位数字表示元件的长度，后两位数字表示元件的宽度。例如，公制系列 3216（英制 1206）的矩形片状电阻，长 L = 3.2 mm（0.12 in），宽 W = 1.6 mm（0.06 in）。并且，系列型号的发展变化也反映了 SMC 元件的小型化进程：5750（2220）→4532（1812）→

3225（1210）→3216（1206）→2520（1008）→2012（0805）→1608（0603）→1005（0402）→
0603（0201）→0402（01005）。

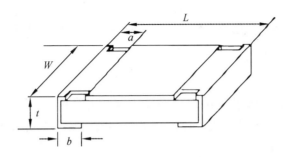

图 2-3　矩形表面组装电阻器的外形尺寸示意图

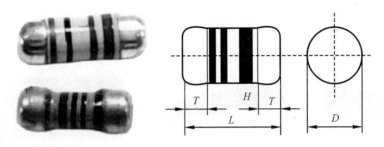

图 2-4　MELF 无引脚电阻器的外形尺寸示意图

3. 参数标注

从电子元件的功能特性来说，表面组装电阻器的参数数值系列与传统插装元件的差别不
大，标准的标称数值系列有 E6（电阻值允许偏差±20%）、E12（电阻值允许偏差±12%）、E24
（电阻值允许偏差±5%），精密元件还有 E48（电阻值允许偏差±2%）、E96（电阻值允许偏差±1%）
等几个系列。

1005、0603 系列片状电阻器，元件表面不印刷它的标称数值（参数印在编带的带盘上）；
3216、2012、1608 系列的标称数值一般用印在元件表面上的三位数字表示（E24 系列）：前两
位数字是有效数字，第 3 位是倍率乘数（有效数字后所加"0"的个数）。例如，电阻器上印
有 114，表示阻值 110 kΩ；表面印有 5R6，表示阻值 5.6 Ω；表面印有 R39，表示阻值 0.39 Ω；
跨接电阻采用 000 表示。片状电阻器标识的含义如图 2-5 所示。

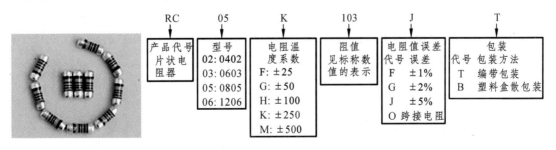

图 2-5　片状电阻器标识的含义

圆柱形电阻器用三位、四位或五位色环表示阻值的大小，每位色环所代表的意义与通孔插装色环电阻完全一样。例如：五位色环电阻器色环从左至右第一位色环是绿色，其有效值为 5；第二位色环为棕色，其有效值为 1；第三位色环是黑色，其有效值为 0；第四位色环为红色，其乘数为 102；第五位色环为棕色，其允许偏差为±1%。则该电阻的阻值为 51 000 Ω（51.00 kΩ），允许偏差为±1%。

4. 表面组装电阻器的主要技术参数

虽然表面组装电阻器的体积很小，但它的数值范围和精度并不差。3216 系列的阻值范围是 0.39 Ω～10 MΩ，额定功率可达到 1/4 W，允许偏差有±1%、±2%、±5%和±10%等四个系列，额定工作温度上限是 70 ℃。

2.2.2　SMC 电阻排(网络电阻)

电阻排也称电阻网络或集成电阻，它是将多个参数与性能一致的电阻，按预定的配置要求连接后置于一个组装体内的电阻网络。图 2-6 所示为 SMC 电阻网络的外形。

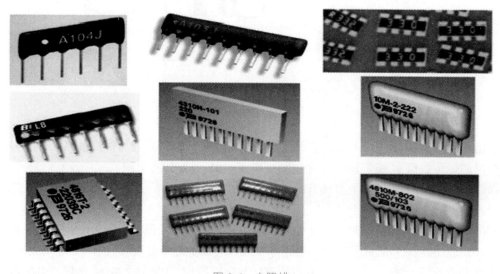

图 2-6　电阻排

2.2.3　SMC 电位器

SMC 电位器，又称为片式电位器。它包括片状、圆柱状、扁平矩形结构各种类型。标称阻值范围在 100 Ω～1 MΩ 之间，阻值允许偏差±25%，额定功耗系列为 0.05 W, 0.1 W, 0.125 W, 0.2 W, 0.25 W, 0.5 W。阻值变化规律为线性。

（1）敞开式结构。敞开式电位器的结构如图 2-7 所示。它又分为直接驱动簧片结构和绝缘轴驱动簧片结构。这种电位器无外壳保护，灰尘和潮气易进入产品，对性能有一定影响，但价格低廉。敞开式的平状电位器仅适用于焊锡膏—再流焊工艺，不适用于贴片波峰焊工艺。

（2）防尘式结构。防尘式电位器的外形和结构如图 2-8 所示，有外壳或护罩，灰尘和潮气不易进入产品，性能好，多用于投资类电子整机和高档消费类电子产品中。

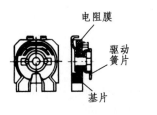

（a）直接驱动簧片结构　　　　　　　　（b）绝缘轴驱动簧片结构

图 2-7　敞开式电位器的结构

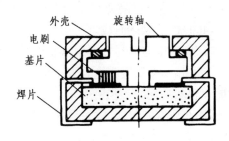

（a）外形　　　　　　　　　　　　　（b）结构

图 2-8　防尘式电位器外形结构

（3）微调式结构。微调式电位器的外形和结构如图 2-9 所示，属精细调节型，性能好，但价格昂贵，多用于投资类电子整机中。

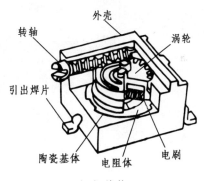

（a）外形　　　　　　　　　　　　　（b）结构

图 2-9　微调式电位器外形和结构

（4）全密封式结构。全密封式结构的电位器有圆柱形和扁平矩形两种形式，具有调节方便、可靠、寿命长的特点。圆柱形电位器分为顶调和侧调两种。其结构如图 2-10 所示。

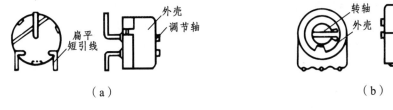

（a）　　　　　　　　　　　　　　　（b）

图 2-10　全密封式电位器结构

2.3 SMC 电容器

2.3.1 SMC 多层陶瓷电容器

电容器的基本结构十分简单，它是由两块平行金属极板以及极板之间的绝缘电介质组成。

电容器极板上每单位电压能够存储的电荷数量称为电容器的电容，通常用大写字母 C 标示。SMC 电容器通常为灰色。SMC 电容器中大约 80%是多层片状瓷介质电容器，其次是 SMC 钽电解电容器和铝电解电容器。

片式陶瓷电容器是以陶瓷材料为电容介质，由介质和依次印制的电极材料交替叠层，并在 1 000 ~ 1 400 ℃下烘烧而成。

SMC 多层陶瓷电容器是在单层盘状电容器的基础上构成的，电极深入电容器内部，并与陶瓷介质相互交错。多层陶瓷电容器（MLC），通常是无引脚矩形结构，其外形标准与片状电阻大致相同，仍然采用长×宽表示。

MLC 所用介质有 COG、X7R、Z5V 等多种类型，它们有不同的容量范围及温度稳定性，以 COG 为介质的电容温度特性较好。

MLC 内部电极以低电阻率的导体银连接而成，提高了 Q 值和共振频率特性，采用整体结构，具有高可靠性、高品质、高电感值等特性。

MLC 外层电极与片式电阻相同，也是 3 层结构，即 Ag-Ni/Cd-Sn/Pb，其外形和结构如图 2-11 所示。

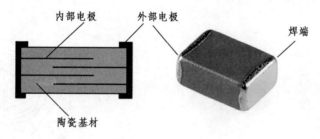

图 2-11　MLC 外层电极结构

2.3.2 SMC 电解电容器

常见的 SMC 电解电容器有铝电解电容器和钽电解电容器两种。

1. 铝电解电容器

铝电解电容器的容量和额定工作电压的范围比较大，因此做成贴片形式比较困难，一般是异形。主要应用于各种消费类电子产品中，价格低廉。按照外形和封装材料的不同，铝电解电容器可分为矩形（树脂封装）和圆柱形（金属封装）两类，以圆柱形为主，如图 2-12 所示。

铝电解电容器的电容值及耐压值在其外壳上均有标注，外壳上的深色标记代表负极，如图 2-13 所示，其中图（a）是铝电解电容器的形状和结构，图（b）是它的标注和极性表示方式。

图 2-12　铝电解电容器

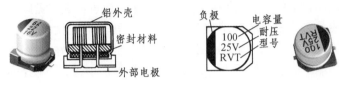

（a）形状和结构　　　　　（b）标注和极性

图 2-13　铝电解电容器的结构和标注

2. 钽电解电容

固体钽电解电容器的性能优异，是所有电容器中体积小而又能达到较大电容量的产品，因此容易制成适于表面贴装的小型和片式元件。

目前生产的钽电解电容器主要有烧结型固体、箔形卷绕固体、烧结型液体等三种，其中烧结型固体约占目前生产总量的 95%以上，而又以非金属密封型的树脂封装式为主体。图 2-14 所示是烧结型固体电解质片状钽电容器的内部结构图。

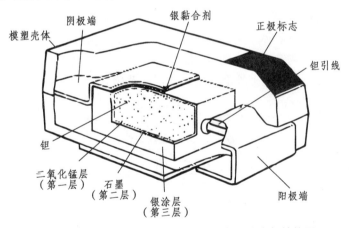

图 2-14　烧结型固体电解质片状钽电容器的内部结构图

2.4　SMC 电感器

SMC 电感器除了与传统的插装电感器有相同的扼流、退耦、滤波、调谐、延迟、补偿等功能外，还特别在 *LC* 调谐器、*LC* 滤波器、*LC* 延迟线等多功能器件中体现了独特的优越性。

由于电感器受线圈制约，片式化比较困难，故其片式化晚于电阻器和电容器，其片式化率也低。尽管如此，电感器的片式化仍取得了很大的进展。不仅种类繁多，而且相当多的产品已经系列化、标准化，并已批量生产。目前用量较大的主要有绕线型、多层型和卷绕型。

片式电感器亦称表面贴装电感器，它与其他片式元器件（SMC 及 SMD）一样，是适用于表面贴装技术（SMT）的新一代无引线或短引线微型电子元件。其引出端的焊接面在同一平面上。

SMC 电感器通常为灰黑色。

2.4.1 绕线型 SMC 电感器

绕线型 SMC 电感器是由传统的卧式绕线电感器稍加改进而成（见图 2-15）。制造时将导线（线圈）缠绕在磁心上。低电感时用陶瓷作磁心，大电感时用铁氧体作磁心，绕组可以垂直也可水平。一般垂直绕组的尺寸最小，水平绕组的电性能要稍好一些，绕线后再加上端电极。端电极也称外部端子，它取代了传统的插装式电感器的引线，以便表面组装。

图 2-15　绕线型 SMC 电感器

2.4.2 多层型 SMC 电感器

多层型 SMC 电感器（见图 2-16）也称多层型片式电感器（MLCI），它的结构和多层型陶瓷电容器相似，制造时由铁氧体浆料和导电浆料交替印刷叠层后，经高温烧结形成具有闭合磁路的整体。导电浆料经烧结后形成的螺旋式导电带，相当于传统电感器的线圈，被导电带包围的铁氧体相当于磁心，导电带外围的铁氧体使磁路闭合。

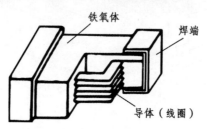

图 2-16　多层型 SMC 电感器

2.5　SMD 晶体管

SMD 的外形尺寸小，易于实现高密度安装；精密的编带包装适宜高效率的自动化安装；采用 SMD 的电子设备，体积小、质量轻、性能得到改善、整机可靠性获得提高，生产成本降低。

SMD 与传统的 SIP（单列直插式封装）及 DIP（双列直插式封装）器件的功能相同，但封装结构不同，传统的插装器件不易用到 SMT 中。

2.5.1　二极管

二极管（见图 2-17）是一种单向导电性组件，所谓单向导电性就是指：当电流从它的正向流过时，它的电阻极小；当电流从它的负极流过时，它的电阻很大，因而二极管是一种有极性的组件。其外壳有的用玻璃封装，塑料封装等。根据作用不同，常见的有整流、开关、稳压、发光、光电、变容二极管等。

（a）圆柱形二极管　　　　　　　　（b）塑料矩形薄片

图 2-17　晶体二极管

2.5.2　三极管

三极管（见图 2-18）是半导体基本元器件之一，具有电流放大作用，是电子电路的核心组件。三极管是在一块半导体基板上制作两个相距很近的 PN 结，两个 PN 结把整块半导体分成 3 部分，中间部分是基区，两侧部分是发射区和集电区，排列方式有 PNP 和 NPN 两种。

（a）SOT23 封装二极管　　　（b）SOT89 封装三极管　　　（c）SOT143 封装三极管

图 2-18　三极管

2.6　SMD 集成电路

2.6.1　SMD 封装综述

集成电路的封装是指安装半导体集成电路芯片用的外壳，它不仅起着安放、固定、密封、保护芯片和增强电热性能的作用。

1. 电极形式

表面组装器件 SMD 的 I/O 电极有两种形式：无引脚和有引脚。无引脚形式有 LCCC、PQFN 等，有引脚器件的引脚形状有翼形、钩形（J 形）和球形三种。翼形引脚用于 SOT/SOP/QFP

封装，钩形（J形）引脚用于 SOJ/PLCC 封装，球形引脚用于 BGA/CSP/Flip Chip 封装。

翼形引脚的特点：符合引脚薄而窄以及小间距的发展趋势，特点是焊接容易，可采用包括热阻焊在内的各种焊接工艺来进行焊接，工艺检测方便，但占用面积较大，在运输和装卸过程中容易损坏引脚。

钩形引脚的特点：引线呈"J"形，空间利用率比翼形引脚高，它可以用除热阻焊外的大部分再流焊进行焊接，比翼形引脚坚固。由于引脚具有一定的弹性，可缓解安装和焊接的应力，防止焊点断裂。

2. 封装材料

金属封装：金属材料可以冲压，因此有封装精度高，尺寸严格，便于大量生产，价格低廉等优点。

陶瓷封装：陶瓷材料的电气性能优良，适用于高密度封装。

金属—陶瓷封装：兼有金属封装和陶瓷封装的优点。

塑料封装：塑料的可塑性强，成本低廉，工艺简单，适合大批量生产。

3. 芯片的基板类型

基板的作用是搭载和固定裸芯片，同时兼有绝缘、导热、隔离及保护作用，它是芯片内外电路连接的桥梁。从材料上看，基板有有机和无机之分，从结构上看，基板有单层的、双层的、多层的和复合的。

4. 封装比

评价集成电路封装技术的优劣，一个重要指标是封装比。

$$封装比=芯片面积/封装面积$$

这个比值越接近 1 越好。

2.6.2　集成电路的封装形式

常用半导体器件的封装形式如图 2-19 所示。

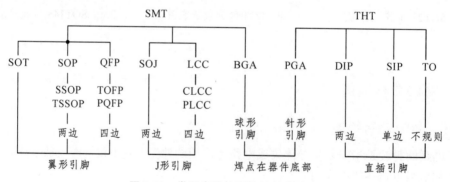

图 2-19　常用半导体器件的封装形式

1. SO 封装

引线比较少的小规模集成电路大多采用这种小型封装。SO 封装又分为几种：芯片宽度小于 0.15 in（1 in=2.54 cm），电极引脚数目比较少的（一般在 8～40 脚之间），叫作 SOP 封装；宽度在 0.25 in 以上，电极引脚数目在 44 以上的，叫作 SOL 封装；芯片宽度在 0.6 in 以上，电极引脚数目在 44 以上的，叫作 SOW 封装（见图 2-20）。有些 SOP 封装采用小型化或薄型化封装，分别叫作 SSOP 封装和 TSOP 封装。大多数 SO 封装的引脚采用翼形电极，也有一些存储器采用 J 形电极（称为 SOJ），SO 封装的引脚间距有 1.27 mm、1.0 mm、0.8 mm、0.65 mm 和 0.5 mm 几种。

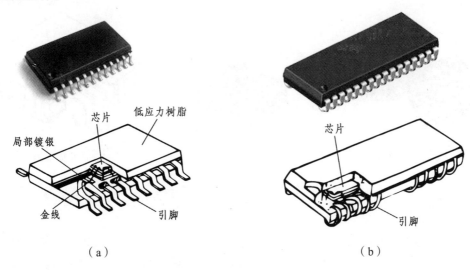

（a）　　　　　　　　　　　　　　　　　（b）

图 2-20　SOP 的翼形引脚和 "J" 形引脚封装结构

2. QFP 封装

QFP 为四侧引脚扁平封装（见图 2-21），引脚从四个侧面引出呈翼（L）形。基材有陶瓷、金属和塑料三种，塑料封装占绝大部分。当没有特别标示出材料时，多数情况为塑料 QFP。引脚中心距有 1.0 mm、0.8 mm、0.65 mm、0.5 mm、0.4 mm、0.3 mm 等多种规格，引脚间距最小极限是 0.3 mm，最大是 1.27 mm。0.65 mm 中心距规格中最多引脚数为 304。

为了防止引脚变形，现已出现了几种改进的 QFP 品种。如封装的四个角带有树脂缓冲垫（角耳）的 BQFP，它是在封装本体的四个角设置突起，以防止在运送或操作过程中引脚发生弯曲变形。

　　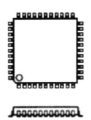　　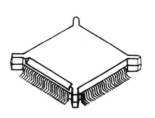

（a）QFP 封装集成电路实物　　（b）QFP 封装的一般形式　　（c）BQFP 封装

图 2-21　QFP（翼形）封装集成电路

3. PLCC 封装

PLCC 是集成电路的有引脚塑封芯片载体封装，它的引脚向内钩回，叫作钩形（J形）电极，电极引脚数目为 16～84 个，间距为 1.27 mm，其外观与封装结构如图 2-22 所示。PLCC 封装的集成电路大多是可编程的存储器。芯片可以安装在专用的插座上，容易取下来对其中的数据进行改写。

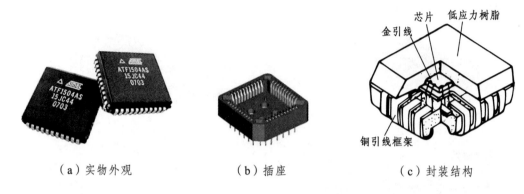

（a）实物外观　　　　　　　（b）插座　　　　　　　（c）封装结构

图 2-22　PLCC（J形）封装集成电路

4. LCCC 封装

LCCC 是陶瓷芯片载体封装的 SMD 集成电路中没有引脚的一种封装（见图 2-23）；芯片被封装在陶瓷载体上，外形有正方形和矩形两种，无引线的电极焊端排列在封装底面上的四边，电极数目正方形分别为 16、20、24、28、44、52、68、84、100、124 和 156 个，矩形分别为 18、22、28 和 32 个。引脚间距有 1.0 mm 和 1.27 mm 两种。

LCCC 引出端子的特点是在陶瓷外壳侧面有类似城堡状的金属化凹槽和外壳底面镀金电极相连，提供了较短的信号通路，电感和电容损耗较低，可用于高频工作状态。

（a）结构　　　　　　　　　　　（b）外形

图 2-23　LCCC 封装集成电路

5. PQFN 封装

PQFN 是一种无引脚封装，呈正方形或矩形，封装底部中央位置有一个大面积裸露焊盘，提高了散热性能。围绕大焊盘的封装外围四周有实现电气连接的导电焊盘。由于 PQFN 封装不像 SOP、QFP 等具有翼形引脚，其内部引脚与焊盘之间的导电路径短，自感系数及封装体内的布线电阻很低，所以它能提供良好的电性能。PQFN 非常适合应用在手机、数码相机、PDA、DV、智能卡及其他便携式电子设备等高密度产品中。

2.7　SMT 元器件的包装

SMT 元器件的包装有散装、编带、管装和托盘四种类型。

1. 散　装

无引线且无极性的 SMC 元件可以散装，例如一般矩形、圆柱形电容器和电阻器。散装的元件成本低，但不利于自动化设备拾取和贴装。

2. 盘状编带包装

编带包装适用于除大尺寸 QFP、PLCC、LCCC 芯片以外的其他元器件，其具体形式有纸编带、塑料编带和粘接式编带三种。

（1）纸质编带。

纸质编带由底带、载带、盖带及绕纸盘（带盘）组成。载带上圆形小孔为定位孔，以供供料器上齿轮驱动；矩形孔为承料腔，用来放置元件，如图 2-24 所示。

用纸质编带进行元器件包装的时候，要求元件厚度与纸带厚度差不多，纸质编带不可太厚，否则供料器无法驱动，因此，纸编带主要用于包装 0805 规格（含）以下的片状电阻、片状电容（有少数例外）。纸带一般宽 8 mm，包装元器件以后盘绕在塑料绕纸盘上。

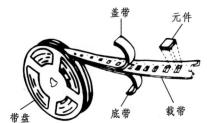

图 2-24　元器件包装

（2）塑料编带。

塑料编带与纸质编带的结构尺寸大致相同，所不同的是料盒呈凸形（见图 2-25）。塑料编带包装的元器件种类很多，有各种无引线元件、复合元件、异形元件、SOT 晶体管、引线少的 SOP/QFP 集成电路等。

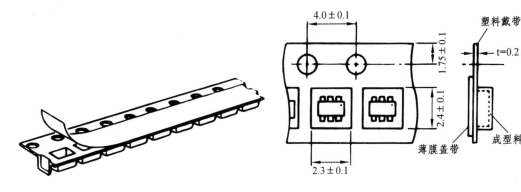

图 2-25　纸编带与塑料编带包装

纸编带和塑料编带的一边有一排定位孔，用于贴片机在拾取元器件时引导纸带前进并定位。定位孔的孔距为 4 mm（小于 0402 系列的元件的编带孔距为 2 mm）。在编带上的元器件间距依元器件的长度而定，一般为 4 mm 的倍数。

3. 管式包装

管式包装主要用于 SOP、SOJ、PLCC 集成电路、PLCC 插座和异形元件等，从整机产品的生产类型看，管式包装适合于品种多、批量小的产品。

包装管（也称料条）由透明或半透明的聚乙烯（PVC polyvinylchloride）材料构成，挤压成满足要求的标准外形（见图 2-26）。管式包装的每管零件数从数十颗到近百颗不等，管中组件方向具有一致性，不可装反。

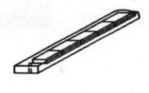

图 2-26　包装管

4. 托盘包装

托盘由碳粉或纤维材料制成（华夫盘，见图 2-27），使用环境为暴露在高温下的元件托盘通常具有对 150 ℃ 或更高温度的耐温。托盘铸塑成矩形标准外形，包含统一相间的凹穴矩阵。凹穴托住元件，提供运输和处理期间对元件的保护。间隔为在电路板装配过程中用于贴装的标准工业自动化设备提供准确的元件位置。元件安排在托盘内，标准的方向是将第一引脚放在托盘斜切角落。托盘包装主要用于 QFP、窄间距 SOP、PLCC、BCA 集成电路等器件。

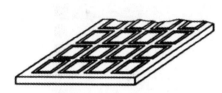

图 2-27 华夫盘

3.1 焊锡膏及焊锡膏涂覆工艺

焊锡膏又称焊膏、锡膏，是由合金粉末、糊状焊剂和一些添加剂混合而成的具有一定黏性和良好触变特性的浆料或膏状体。它是 SMT 工艺中不可缺少的焊接材料，广泛用于再流焊中。常温下，由于焊锡膏具有一定的黏性，可将电子元器件粘贴在 PCB 的焊盘上，在倾斜角度不是太大，也没有外力碰撞的情况下，一般元件是不会移动的，当焊锡膏加热到一定温度时，焊锡膏中的合金粉末熔融再流动，液体焊料润湿元器件的焊端与 PCB 焊盘，在焊接温度下，随着溶剂和部分添加剂挥发，冷却后元器件的焊端与焊盘被焊料互联在一起，形成电气与机械相连接的焊点。

3.1.1 焊锡膏的化学组成

焊锡膏主要由合金焊料粉末和助焊剂组成（见图 3-1）。其中合金焊料粉占总质量的 85%～90%，助焊剂占总质量的 10%～15%。即焊锡膏中锡粉颗粒与助焊剂的质量之比约为 9∶1，体积之比约为 1∶1。

图 3-1 焊锡膏

1. 合金焊料粉末

合金焊料粉末是焊锡膏的主要成分。常用的合金焊料粉末有锡—铅、锡—铅—银、锡—铅—铋等，常用的合金成分为 63%Sn/37%Pb 以及 62%Sn/36%Ph/2%Ag。不同合金比例有不同的熔化温度。以 Sn/Pb 合金焊料为例，图 3-2 表示了不同比例的锡、铅合金状态随温度变化的曲线。图 3-2 中的 T 点叫作共晶点，对应合金成分为 61.9%Sn/38.1%Pb，它的熔点只有 182 ℃。

合金焊料粉末的形状、粒度和表面氧化程度对焊锡膏性能的影响很大。合金焊料粉末按形状分成无定形和球形两种。球形合金粉末的表面积小、氧化程度低、制成的焊锡膏具有良好的印刷性能。合金焊料粉末的粒度一般在 200～400 目，要求锡粉颗粒大小分布均匀。在国内的焊料粉或焊锡膏生产厂，经常用分布比例衡量其均匀度：以 25～45 μm 的合金焊料粉为例，通常要求 35 μm 左右的颗粒分度比例为 60% 左右，35 μm 以下及以上部分各占 20% 左右。合金焊料粉末的粒度愈小，黏度愈大；粒度过大，会使焊锡膏黏结性能变差；粒度太细，则由于表面积增大，会使得表面含氧量增高，也不宜采用。

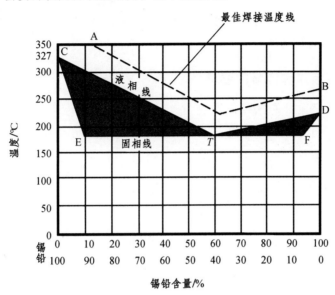

图 3-2　锡铅合金状态图

2. 助焊剂

在焊锡膏中，糊状助焊剂是合金粉末的载体，其中的活化剂主要起清除被焊材料表面以及合金粉末本身氧化膜的作用，同时具有降低锡、铅表面张力的功效，使焊料迅速扩散并附着在被焊金属表面。黏结剂起到加大锡膏黏附性并保护和防止焊后 PCB 再度氧化的作用。

为了改善印刷效果和触变性，焊锡膏还需加入触变剂和溶剂。触变剂主要是用来调节焊锡膏的黏度以及印刷性能，防止在印刷中出现拖尾、粘连等现象；溶剂在焊锡膏的搅拌过程中起调节均匀的作用，对焊锡膏的寿命有一定的影响。

助焊剂的组成对焊锡膏的扩展性、润湿性、塌陷、黏度变化、清洗性质、焊珠飞溅及储存寿命均有较大影响。

3.1.2　焊锡膏的分类

1. 按合金焊料粉的熔点分

焊锡膏按熔点分高温焊锡膏（217 ℃ 以上），中温焊锡膏（173 ～ 200 ℃）和低温焊锡膏（138 ～ 173 ℃）；最常用的焊锡膏熔点为 178 ～ 183 ℃，随着所用金属种类和组成的不同，焊锡膏的熔点可提高至 250 ℃ 以上，也可降为 150 ℃ 以下，可根据焊接所需温度的不同，选择不同熔点的焊锡膏。

2. 按焊剂的活性分

焊锡膏按焊剂活性分类有"R"级（无活性），"RMA"级（中度活性），"RA"级（完全活性）和"SRA"级（超活性）。一般"R"级用于航天、航空电子产品的焊接，"RMA"级用于军事和其他高可靠性电路组件，"RA"级用于消费类电子产品，使用时可以根据 PCB 和元器件的情况及清洗工艺要求进行选择。

3. 按焊锡膏的黏度分

黏度的变化范围很大，通常为 $100 \sim 600\ Pa \cdot s$，最高可达 $1\ 000\ Pa \cdot s$ 以上。使用时依据施膏工艺手段的不同进行选择。

3.1.3　表面组装对焊锡膏的要求

1. 焊锡膏应具有良好的保存稳定性

焊锡膏制备后，印刷前应能在常温或冷藏条件下保存 $3 \sim 6$ 个月且性能不变。

2. 印刷时和再流加热前应具有的性能

（1）印刷时应具有优良的脱模性；

（2）印刷时和印刷后焊锡膏不易坍塌；

（3）焊锡膏应具有合适的黏度。

3. 再流加热时应具有的性能

（1）应具有良好的润湿性；

（2）不形成或形成最少量的焊料球（锡珠）；

（3）焊料飞溅要少。

4. 再流焊接后应具有的性能

（1）要求焊剂中固体含量越低越好，焊后易清洗干净；

（2）焊接强度高。

3.1.4　焊锡膏的选用原则

（1）焊锡膏的活性可根据印制板表面清洁程度来决定，一般采用 RMA 级，必要时采用 RA 级。

（2）根据不同的涂覆方法选用不同黏度的焊锡膏，一般焊锡膏分配器用黏度为 $100 \sim 200\ Pa \cdot s$，丝网印刷用黏度为 $100 \sim 300\ Pa \cdot s$，漏印模板印刷用黏度为 $200 \sim 600\ Pa \cdot s$。精细间距印刷时选用球形、细粒度焊锡膏。

（3）双面焊接时，第一面采用高熔点焊锡膏，第二面采用低熔点焊锡膏，保证两者相差 $30 \sim 40\ ℃$，以防止第一面已焊元器件脱落。

（4）当焊接热敏元件时，应采用含铋的低熔点焊锡膏。

（5）采用免洗工艺时，要用不含氯离子或其他强腐蚀性化合物的焊锡膏。

3.1.5　焊锡膏使用的注意事项

（1）焊锡膏通常应该保存在 $5 \sim 10\ ℃$ 的低温环境下，可以储存在电冰箱的冷藏室内。焊锡膏的取用原则是先进先出。

（2）一般应该在使用前至少 $2\ h$ 从冰箱中取出焊锡膏，待焊锡膏达到室温后，才能打开焊锡膏容器的盖子，以免焊锡膏在升温过程中凝结水汽。

（3）观察焊锡膏，如果表面变硬或有助焊剂析出，必须进行特殊处理，否则不能使用；如果焊锡膏的表面完好，也要用不锈钢棒搅拌均匀以后再使用。如果焊锡膏的黏度大，应该适当加入所使用锡膏的专用稀释剂，稀释并充分搅拌以后再用。

（4）使用时取出焊锡膏后，应及时盖好容器盖，避免助焊剂挥发。超过使用期限的焊锡膏不得再使用。

（5）涂敷焊锡膏和贴装元器件时，操作者应该戴手套，避免污染电路板。

（6）把焊锡膏涂敷到 PCB 上时，如果涂敷不准确，必须擦洗掉焊锡膏再重新涂敷，擦洗免清洗焊锡膏不得使用酒精。

（7）印好焊锡膏的电路板要及时贴装元器件，尽可能在 4 h 内完成再流焊。

（8）免清洗焊锡膏原则上不允许回收使用，如果印刷涂敷作业的间隔超过 1 h，必须把焊锡膏从模板上取下来并存放到当天使用的单独容器里，不要将回收的锡膏放回原容器。

3.1.6　助焊剂的化学组成

传统的助焊剂通常以松香为基体。松香具有弱酸性和热熔流动性，并具有良好的绝缘性、耐湿性、无腐蚀性、无毒性和长期稳定性，是不可多得的助焊材料。

目前在 SMT 中采用的大多是以松香为基体的活性助焊剂。由于松香随着品种、产地和生产工艺的不同，其化学组成和性能有较大的差异，因此，对松香优选是保证助焊剂质量的关键。通用的助焊剂还包括以下成分：活性剂、成膜物质、添加剂和溶剂等。

1. 活性剂

活性剂是为提高助焊能力而加入的活性物质，它对焊剂净化焊料和被焊件表面起主要作用。活性剂的活性是指它与焊料和被焊件表面氧化物等起化学反应的能力，也反映了清洁金属表面和增强润湿性的能力。润湿性强则焊剂的扩展性高，可焊性就好。在焊剂中，活性剂的添加量较少，通常为 1%～5%，若为含氯的化合物，其氯含量应控制在 0.2%以下。虽然它的添加量少，但在焊接时起很大的作用。

活性剂分为无机活性剂和有机活性剂两种。无机活性剂（如氯化锌、氯化铵等）助焊性好，但作用时间长，腐蚀性大，不宜在电子装联中使用；有机活性剂（如有机酸及有机卤化物等）作用柔和、时间短、腐蚀性小、电气绝缘性好，适宜在电子产品装联中使用。

2. 成膜物质

加入成膜物质，能在焊接后形成一层紧密的有机膜，保护了焊点和基板，具有防腐蚀性和优良的电气绝缘性。常用的成膜物质有松香、酚醛树脂、丙烯酸树脂、氯乙烯树脂、聚氨酯等。一般加入量在 10%～20%，加入过多会影响扩展率，使助焊作用下降。

3. 添加剂

添加剂是为适应工艺和工艺环境而加入的具有特殊物理和化学性能的物质。常用的添加剂有：

（1）调节剂。

为调节助焊剂的酸性而加入的材料，如三乙醇胺可调节助焊剂的酸度；在无机助焊剂中加入盐酸可抑制氧化锌生成。

（2）消光剂。

能使焊点消光，在操作和检验时克服眼睛疲劳和视力衰退。一般加入无机卤化物、无机盐、有机酸及其金属盐类，如氧化锌、氯化锡、滑石、硬脂酸、硬脂酸铜、钙等。一般加入量约为 5%。

（3）缓蚀剂。

加入缓蚀剂能保护印制板和元器件引线，具有防潮、防霉、防腐蚀性能又能保持优良的可焊性。用作缓蚀剂的物质大多是含氮化合物为主体的有机物。

（4）光亮剂。

如果要使焊点光亮，可加入甘油、三乙醇胺等，一般加入量约 1%。

（5）阻燃剂。

为保证使用安全，提高抗燃性而加入的材料，如 2,3-二溴丙醇等。

4. 溶　剂

由于使用的助焊剂大多是液态的，必须将助焊剂的固体成分溶解在一定的溶剂里，使之成为均相溶剂。一般多采用异丙醇和乙醇作为溶剂。用作助焊剂的溶剂应符合以下条件：

（1）对助焊剂中各种固体成分均具有良好的溶解性。

（2）常温下挥发程度适中，在焊接温度下迅速挥发。

（3）气味小，无毒性或毒性低。

3.1.7　对助焊剂性能的要求及选用

1. 对助焊剂的性能要求

（1）具有去除表面氧化物、防止再氧化物降低表面张力等特性。

（2）熔点比焊料低，助焊剂要比焊料先熔化以充分发挥助焊作用。

（3）浸润扩散速度比熔化焊料快，通常要求扩展率在 90% 以上。

（4）黏度和密度比焊料小。

（5）焊接时不产生焊珠飞溅，也不产生毒气和强烈的刺激性臭味。

（6）焊后残渣易于去除，并具有不腐蚀、不吸湿和不导电等特性。

（7）焊接后不沾手，焊后不易拉尖。在常温下储存稳定。

2. 助焊剂的选用

（1）不同的焊接方式需用不同状态的助焊剂，波峰焊应用液态助焊剂，再流焊应用糊状助焊剂。

（2）当焊接对象可焊性好时，不必采用活性强的助焊剂；当焊接对象可焊性差时必须采用活性较强的助焊剂。在 SMT 中最常用的是中等活性的助焊剂。

（3）清洗方式不同，要用不同类型的助焊剂。选用有机溶剂清洗，需和有机类或树脂类助焊剂相匹配；选用去离子水清洗，必须用水洗助焊剂；选用免洗方式，只能用固含量在 0.5%～3% 的免洗助焊剂。

3.1.8　清洗剂的化学组成

从清洗剂的特点考虑，选择 CFC-113 和甲基氯仿作为清洗剂的主体材料比较适宜。

为改善清洗效果，常常在 CFC-113 和甲基氯仿清洗剂中加入低级醇，如甲醇、乙醇等，但醇的加入会引起一些副作用，一方面 CFC-113 和甲基氯仿易于同醇反应，在有金属共存时更加显著，另一方面低级醇中带入的水分还会引起水解反应，由此产生的 HCl 具有强腐蚀性。

因此，在 CFC-113 和甲基氯仿中加入各类稳定剂显得十分重要。在 CFC-113 清洗剂中常用的稳定剂有乙醇酯、丙烯酸酯、硝基烷烃、缩水甘油、炔醇、N-甲基吗啉、环氧烷类化合物。

3.1.9　清洗剂的分类与特点

现在广泛应用的是以 CFC-113（三氟三氯乙烷）和甲基氯仿为主体的两大类清洗剂。但他们对大气臭氧层有破坏作用，现已开发出 CFC 的替代产品，如半水清洗工艺中使用的半水洗溶剂 BIOACT EC-7、Marc lean R 等被认为是最有希望的替代材料，而另一种替代材料 HCFC（含氢氟氯）如 9434、2010、2004 都具有一定毒性。

一般说来，一种性能良好的清洗剂应当具有以下特点：

（1）脱脂效率高，对油脂、松香及其他树脂有较强的溶解能力。

（2）表面张力小，具有较好的浸润性。

（3）对金属材料不腐蚀，对高分子材料不溶解、不溶胀，不会损害元器件和标记。

（4）易挥发，在室温下即能从印制板上除去。

（5）不燃、不爆、低毒性，利于安全操作，也不会对人体造成危害。

（6）残留量低，清洗剂本身也不污染印制板。

（7）稳定性好，在清洗过程中不会发生化学或物理作用，并具有储存稳定性。

3.2　贴片胶及贴片胶涂覆工艺

表面组装技术有两类典型的工艺流程，一类是焊锡膏—再流焊工艺，另一类是贴片胶—波峰焊工艺，后者是将片式元器件采用贴片胶黏合在 PCB 表面，并在 PCB 另一个面上插装通孔元件（或贴放片式元件），然后通过波峰焊就能将两种元器件同时焊接在电路板上。

贴片胶的作用就在于能保证元件牢固地粘在 PCB 上，并在焊接时不会脱落，焊接完成后，虽然它的功能失去了，但它仍永远地保留在 PCB 上，因此，这种贴片胶不仅要有黏合强度而且具有很好的电气性能。

3.2.1　贴片胶的类型与组分

贴片胶按基体材料分，可分为环氧树脂和聚丙烯两大类。

1. 环氧型贴片胶

环氧型贴片胶是 SMT 中最常用的一种贴片胶，通常以热固化为主，由环氧树脂、固化剂、增韧剂、填料以及触变剂混合而成。这类贴片胶典型配方为：环氧树脂 63%（重量比，下同），无机填料 30%，胺系固化剂 4%，无机颜料 3%。

（1）环氧树脂。

环氧树脂本身是热塑性的线型结构大分子，树脂有强的黏附性和柔韧性，环氧树脂的结构说明了它不仅可以用作贴片胶，而且具有优异的稳定性和电气性能。

（2）固化剂。

常用固化剂可分为胺类固化剂、酸酐类固化剂等，还有一种类型的固化剂则是潜伏性中温固化剂，即环氧树脂贴片胶使用的固化剂，它的特殊性就在于在低温下它"几乎"不与环氧树脂发生化学反应或仅仅以极低的速度参与反应，但一旦遇到适合的温度就能迅速地同树脂反应，这样就能使贴片胶在低温下有较长的储存期，遇到中温就能迅速固化以适应生产需要。

（3）增韧剂。

增韧剂可以提高固化后贴片胶的韧性。常用的增韧剂有液体丁腈橡胶、聚硫橡胶等。

（4）填料。

加入各种填料，用以实现它涂布的工艺性，如加入白碳黑等一类触变剂，使贴片胶具有触变性以利于涂布；加入甲基纤维素，以利于降低软化点，并起到调控黏度的作用。

（5）其他添加剂。

加入颜料以利于生产中观察；添加润湿剂以增加胶的润湿能力，达到好的初黏性；添加阻燃剂以达到阻燃效果。

2. 丙烯酸类贴片胶

丙烯酸类贴片胶是 SMT 中常用的另一大类贴片胶，由丙烯酸类树脂、光固化剂、填料组成，常用单组分。它通常是光固化型的贴片胶，其特点是固化时间短，但强度不及环氧型高。

（1）丙烯酸类树脂。

丙烯酸类树脂是通过加入过氧化物，并在光或热的作用下实现固化。它不能在室温下固化，通常用短时间紫外线照射或用红外线辐射固化，固化温度约为 150 ℃，固化时间约为数十秒到数分钟，属紫外线加热双重固化型。

（2）固化剂。

常为安息香甲醚类，它在紫外光的激发下能释放出自由基，促使丙烯酸类树脂胶中双键打开，其反应机理属自由基链式反应型，反应能在极短的时间内进行。

因此，紫外光固化贴片胶比热固化贴片胶的固化工艺条件更容易控制，储存时只要避光就可以了。在生产中采用 2~3 kW 的紫外灯管。距 SMA 10 cm 高，10~15 s 即可完成固化。

采用光固化时应注意阴影效应，即光固化时在未能照射到的地方是不能固化的，因此在设计点胶位置时，应将胶点暴露在元件的边缘，否则达不到所需要的强度。为了防止这种缺陷的发生，通常在加入光固化剂的同时，也应加入少量的热固化性的过氧化物。事实上在强大的紫外光灯照射下，既有光能也有热能，此外固化炉中还可以加热，以达到双重固化的目的。

3.2.2　贴片胶的包装

当前贴片胶的包装形式有两大类，一类是供压力注射法点胶工艺用，贴片胶包装成 5 mL、10 mL、20 mL 和 30 mL 注射针管制式，可直接上点胶机用，此外还有 300 mL 注射管大包装，使用时分装到小注射针管中。

通常包装量越大价钱越便宜，但将大包装分装到小注射针管中则应采用专用工具，缓慢地注射到洁净的注射针管中，达到一定量后，还应进行脱气泡处理，以防混入空气，避免点胶时出现"空点"或胶点大小不一。另一类包装是听装，可供丝网/模板印刷方式涂布胶用，通常每听装有 1 kg（见图 3-3）。

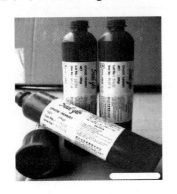
（a）瓶装

（b）注射针管式

（c）听装

图 3-3　贴片胶的包装方式

3.3　焊　锡

焊锡材料是电子行业的生产与维修工作中必不可少的用品，通常来说，常用焊锡材料有锡铅合金焊锡、加锑焊锡、加镉焊锡、加银焊锡、加铜焊锡。

标准焊接作业时使用的线状焊锡被称为松香芯焊锡线或焊锡丝。在焊锡中加入了助焊剂。这种助焊剂是由松香和少量的活性剂组成。

焊接作业时温度的设定非常重要。焊接作业最适合的温度是在使用的焊接的熔点+50 ℃。烙铁头的设定温度，由于焊接部分的大小，电烙铁的功率和性能，焊锡的种类和线型的不同，在上述温度的基础上还要增加 100 ℃ 为宜。

焊锡（见图 3-4）主要的产品分为焊锡丝、焊锡条、焊锡膏三个大类。应用于各类电子焊接上，适用于手工焊接、波峰焊接、回流焊接等工艺上。

图 3-4　焊锡

我国电子信息产业规模连续多年保持 20%左右增长率，自 2006 年起产业规模跃居世界第二，其中主要部分是由电子制造实现的。作为电子制造支柱的 SMT 产业，已经具备雄厚的发展基础，到 2014 年底中国拥有自动贴片机超过 200 000 台，拥有 SMT 生产线超过 38 000 条，保有量已位居世界的前列。如今中国已成为世界电子制造的中心，国内自行设计的电子产品，SMT 片式化率达到 60%以上，在大型 PCB 贴片，COB（裸芯片直接焊接法）技术，双面回流焊，通孔回流焊、激光焊以及 MCM（多芯片组件）都能达到国外同类水平。

4.1　SMT 组装生产线设备

图 4-1 为 SMT 生产车间。生产车间的电源要求，气源要求，排风管道要求，清洁度、温度、湿度要求如下。

图 4-1　SMT 生产车间

（1）电源。
电源电压和功率要符合设备要求。
单相 AC 220 V（220±10%，50/60 Hz）
三相 AC 380 V（220±10%，50/60 Hz）
贴片机的电源要求独立接地，采用三相五线制的接线方法。
（2）气源。
根据设备的要求配置气源的压力。可以利用工厂的气源，也可以单独配置空气压缩机。

一般要求压力大于 7 kg/cm²。必须是清洁、干燥的净化空气。

（3）排风管道。

根据设备要求配置排风机。对于全热风炉，一般要求排风管道的最低流量值为 500 立方英尺/分钟（14.15 m³/min）。

（4）清洁度、温度、湿度。

工作间要保持清洁卫生，无尘土、无腐蚀性气体。环境温度以 23 ℃±3 ℃ 为最佳（印刷工作间环境温度以 23 ℃±3 ℃ 为最佳）。相对湿度为 45% ~ 70% KRH。

SMT 车间生产设备流程如图 4-2 所示。

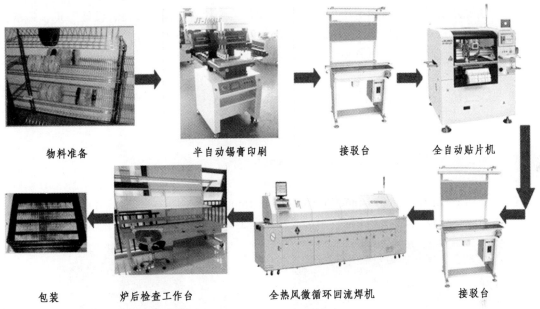

图 4-2　SMT 车间生产设备流程

1. 焊锡膏印刷机

焊锡膏印刷机简称"印刷机"或"丝印机"，位于 SMT 生产线的最前端，是使用不锈钢网板（见图 4-3、图 4-4）将焊锡膏印到 PCB 焊盘上的印刷工艺过程，为元器件的贴装做好准备。

常见焊锡膏涂覆方法有注射滴涂法与印刷涂覆法。

（a）　　　　　　　　　　　　　　　　（b）

图 4-3　漏网模板

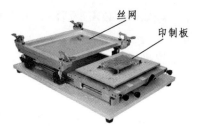

图 4-4　丝印模板

2. 自动贴片机

全自动贴片机是一种通用电子生产设备，具有结构紧凑、操作方便、性能稳定、经济实用等优点，是集运动控制技术、影像处理技术和贴片控制工艺于一体的机电一体化产品，可广泛应用于电子元件制造、电路板组装、电器产品生产、集成电路封装以及精密机械、生物医药、轻工、包装、食品等行业。

常见有自动，高速与多功能三种：

（1）自动贴片机（placement equipment）。

完成表面贴装元器件贴片功能的专用工艺设备（见图 4-5）。

（2）高速贴片机（high placement equipment）。

实际贴装速度大于 2 万点/时的贴片机（见图 4-6）。

（3）多功能贴片机（multi-function placement equipment）。

用于贴装体形较大、引线间距较小的表面贴装器件，要求较高贴装精度的贴片机。

图 4-5　自动贴片机　　　　　　　　　　图 4-6　高速贴片机

3. 回流焊设备

回流焊是以强制循环流动的热气流进行加热的焊接方式，主要应用于各类表面组装元器件的焊接，设备如图 4-7 所示。预先在印制电路板的焊接部位施放适量焊锡膏，然后贴放表面组装元器件，焊锡膏将元器件粘在 PCB 上，利用外部热源加热，使焊料熔化而再次流动浸润，最后将元器件焊接到印制板上。回流焊操作方法简单、效率高、质量好、一致性好、节省焊料（仅在元器件的引脚下有很薄的一层焊料），是一种适合自动化生产的电子产品装配技术。回流焊工艺目前已经成为 SMT 电路板安装技术的主流。

回流焊对焊料加热有不同的方法，就热量的传导来说，主要有辐射和对流两种方式。按照加热区域，可以分为对 PCB 整体加热和局部加热两大类：整体加热的方法主要有红外线加热法、气相加热法、热风加热法和热板加热法；局部加热的方法主要有激光加热法、红外线聚焦加热法、热气流加热法和光束加热法。

图 4-7　回流焊设备

回流焊接是 SMT 时代的焊接方法。它使用膏状焊料，通过模板漏印或点滴的方法涂敷在电路板的焊盘上，贴上元器件后经过加热，焊料熔化再次流动，润湿焊接对象，冷却后形成焊点。

如果是 SMT 与 THT 的混装电路板焊接，还会使用波峰焊（见图 4-8）。

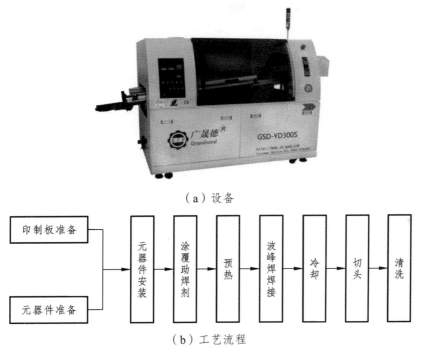

（a）设备

（b）工艺流程

图 4-8　波峰焊工艺流程

在工业化生产过程中，传统 THT 工艺常用的自动焊接设备是浸焊机与波峰焊机，从焊接技术上说，这类焊接属于流动焊接，是熔融流动的液态焊料和焊件对象做相对运动，实现湿润而完成焊接。

采用波峰焊所用的贴片胶和采用回流焊所用的焊锡膏是 SMT 特有的工艺材料。SMT 焊接工艺的典型设备是回流焊炉以及焊膏印刷机、贴片机等组成的焊接流水线。

自动焊接还要用到助焊剂自动涂敷设备、清洗设备等其他辅助装置，SMT 自动焊接的一般工艺流程包括：PCB、SMC/SMD 准备—涂敷助焊剂—元器件安装—预热—焊接—冷却—清洗。

4.2　典型 SMT 自动组装生产线设备参数

4.2.1　锡膏搅拌机

锡膏搅拌机如图 4-9 所示。

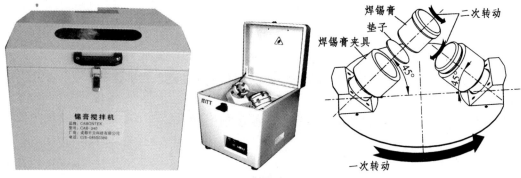

图 4-9　锡膏搅拌机

1. 机器特性

（1）最高转速可达到 1 100 r/min；

（2）搅拌时不需要事先将锡膏退冰；

（3）不必打开容器；

（4）无水汽问题；

（5）不破坏锡粉的形状；

（6）夹具适用于各式包装锡膏罐；

（7）搅拌时间和搅拌次数可任意设置；

（8）具有手动调速功能。

2. 注意事项

（1）生产运行完欲打开机器上盖，必须等机器完全停止后再打开；

（2）左右两个夹具上的锡膏罐或配重器，其质量差异不可超过 50 g。否则，将使机器在高速搅拌时产生晃的情形，应尽量避免。

3. 锡膏搅拌机定期检查与保养事项

（1）请保持机器清洁；

（2）检查各螺丝无松动；

（3）运行前检查机器开关与上盖配合灵敏度；

（4）本机轴承为全封闭式，不需要加润滑油。

4. 锡膏搅拌机技术参数

（1）锡膏搅拌机工作电压：AC 220 V，50 Hz/60 Hz，40 W；

（2）锡膏搅拌机运转速度：电机 1 400 r/min，公转：1 100 r/min，自转：500 r/min；

（3）锡膏搅拌机工作能力：500 g/1 000 g（夹具须更换），如是针筒红胶筒等，夹具可定制；

（4）同时搅拌两罐锡膏罐：500 g，1 000 g；

（5）锡膏搅拌机搅拌时间：1~99 分钟数位可调；

（6）锡膏搅拌机操作方式：轻触式按键、操作简易；

（7）锡膏搅拌机夹具功能：泛用型夹具，适合各种厂牌锡膏罐。

4.2.2　焊锡膏印刷机

按照设定程序，将焊锡膏涂覆在 PCB 板上，以利于自动焊接。焊锡膏印刷机如图 4-10 所示。

图 4-10　焊锡膏印刷机

（1）采用台湾精密马达及线性导轨组立而成，使刮刀座丝印更加稳定。

（2）双刮刀的丝印压力，可分别利用上下气缸精密节流阀，设定刮刀升降快慢避免共振。

（3）丝印座可向上掀举 45°后固定，此举利于刮刀的装卸及网板清洗。

（4）丝印座可向前移动固定，以配合网板图样位置，获得最佳丝印效果。

（5）丝印座双刮刀高低可通过调节螺母自由设定。

（6）丝印台板与钢板间距水平，亦有精度微调杆刻度调整，并有刻度数字显示。

（7）机台手臂可分别左右调整，适用于 370~650 cm 不同尺寸。

4.2.3　全自动贴片机

T4 全自动贴片机的结构和外形结构如图 4-11 所示，它由上位机控制电脑，X、Y、Z 和 R 轴运动平台，PCB 板支撑结构，视频采集和处理系统，运动控制系统和喂料器系统组成，电气部分集成在底座里或有单独电器箱，方便维护和安装。

图 4-11　T4 全自动贴片机的结构和外形结构

4.2.4　回流焊设备

TN380C 全热风回流焊（见图 4-12）的特点：该系列均为全热风强制对流式回流焊机；主要用于表面贴装基板的整体焊接和固化；采用计算机控制，对每个加热区的加热源进行全闭环温度控制，具有方便的人机对话界面和丰富的软件功能，极大地方便了用户的使用；具有自动传送的隧道式结构，由预热区（多个可选）、焊接区、冷却区组成，各加热区单独 PID 控温；PCB 板传动采用平稳的不锈钢网带与链条等速同步传动，采用链条传动可与 SMT 其他设备进行在线连接，具有闭环控制功能。

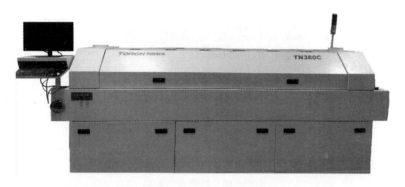

图 4-12　TN380C 全热风回流焊设备

4.2.5　光学显微镜

光学显微镜实物图如图 4-13 所示。

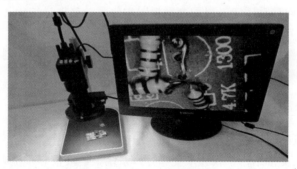

图 4-13　光学显微镜

1. 产品用途

光学显微镜广泛用于电子元件、PCB 线路板、LED 检测、手机维修、模具制造、五金零件、精密机械、钟表零件、票证识别、纺织丝印、珠宝鉴定、考古等领域。

2. 技术参数

连续变倍：5X ~ 120X；
工作距离：20 ~ 130 mm；
视场范围：30 mm；
照明光源：内置 LED 多点照明系统，辅助环型灯。

3. 产品清单

VGA 高清工业相机、底座、5 V IA 电源、8 寸彩色显示器；LED 可调光源。

4. 使用指南

观察物件时需要对焦，将观察物件放到工作平台上，移动镜头和光源的底下，然后看显示器上的图像是否清晰，如效果不够清晰，上下调动对焦螺母，将图像调到最清晰，然后通过适当的改变显示器的亮度、色彩、对比度及饱和度，让被观察物品达到最佳观察效果。

4.2.6　返修工作台

CAB40M 返修工作台如图 4-14 所示。

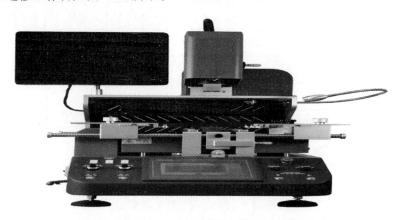

图 4-14　CAB40M 返修工作台

1. 基本参数

电源：AC 220 V±10% 50/60 Hz 16 A；

总功率：5.5 kW；

加热器功率：上部热风加热器 1.2 kW；

下部热风加热器：1.2 kW；

底部红外发热器：3.1 kW；

电气选材：PLC 可编程控制器+大屏幕真彩触摸屏+高精度智能温度控制模块；

温度控制：K 型高热电偶闭环控制，独立温控，精度可达±1 ℃；

定位方式：V 形卡槽，PCB 支架可 X、Y 调整并配置万能夹具；

PCB 尺寸：Max 410 mm × 370 mm；

外形尺寸：L（630 mm）× W（620 mm）× H（860 mm）（不含显示器支架）。

2. 主界面功能与参数设置

参数设置如表 4-1 所示。

运行时间：当设备启动后开始计算时间，直到设备停止加热；

运行状态：设备停止状态，显示待机中，启动则显示加热中；

时间：显示年月日以及当前的准确时间；

上部温度：当前测温探头检测温度；

红外温度：显示当前探头检测温度；

下部温度：显示当前下部探头检测温度；

外侧温度：须把外部测温探头插上方能显示（测温度时使用），不用时，则显示的是一个开路数值；

当前位置：所显示的是当前上部加热头所在的高度；

曲线选择：需要更改温度参数时使用到当前曲线，点击进入后，会显示当前作用的温度时间等参数，进入后，智能调取温度曲线，不能修改温度曲。

表 4-1　参数设置

	1 段	2 段	3 段	4 段	5 段	6 段	7 段	8 段
上部温度	160	190	220	240	252	0	0	0
上部速率	3	3	3	3	3	0	0	0
恒温时间	30	30	30	40	30	0	0	0
下部温度	160	190	225	240	260	0	0	0
下部速率	3	3	3	3	3	0	0	0
恒温时间	30	30	30	40	50	0	0	0
红外温度	20	拆下真空时间		120 s		提前报警	2 s	曲线名称
冷却时间	30 s	报警时间		1 s		吹气时间	1 s	IC1
高级参数	运动参数	修改密码	删除曲线	保存曲线	应用曲线	曲线选择	返回	

4.3　SMT 组装典型方案

SMT 组装工艺流程，通常根据设计电路不同，采取不同的组合方案，常见典型方案如下。

1. SMT 全表面组装型

（1）单面组装（见图 4-15）。单面组装工艺简单，适用于小型、薄型简单电路，如 FM 收音机、MP3、MP4。

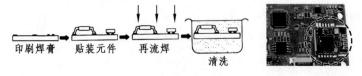

印刷焊膏 → 贴装元件 → 再流焊 → 清洗

图 4-15　单面组装

（2）双面组装（见图 4-16）。一面组装完成后，再进行另一面组装，适用于手机、机顶盒、网络产品等中小型设备。

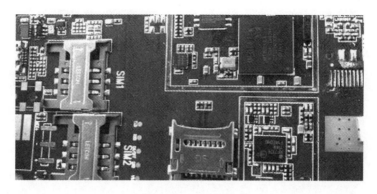

图 4-16　双面组装

PCB 双面均有 SMC/SMD 元件，根据元器件情况不同，又有以下几种典型工艺流程。

① 采用黏结剂型（见图 4-17）。

B 面印焊膏—涂胶水—贴片—回流焊—翻面—A 面印焊膏—贴片—回流焊。

B 面的 SMC/SMD 经过两次回流焊，在 A 面组装时，B 面向下，已经焊在 B 面的元器件，在 A 面回流焊时，其焊料会再熔掉，而且较大的元器件在传送带轻微振动时会发生偏移，甚至脱落，所以涂覆焊膏后还需用黏结剂固定。

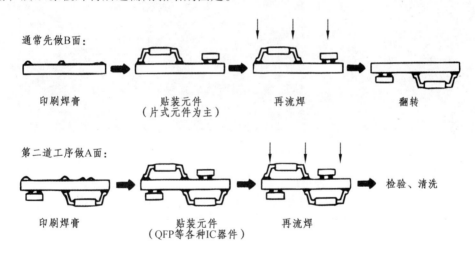

图 4-17　黏结剂型工艺流程

② 采用低熔点焊膏。

A 面采用低熔点焊膏，仍采用上面工艺流程，不需要在 B 面涂覆黏结剂。

以上两种 PCB 面板上全部是 SMC/SMD 元器件，工艺流程简单，元器件回流焊温度的要求一般为 260 ℃，时间为 5 ~ 10 s。

2. 混装电路板

（1）单面混装。

适用于电功率比较大的电路，如开关电源、功率放大器等（见图 4-18）。此种电路板工艺通常是先贴后插，先回流焊，后波峰焊。

图 4-18　单面混装电路板

（2）双面混装。

适用于液晶电视机、计算机主板等比较复杂的电路，如数字信号处理（DSP）、逆变高压电路等（见图 4-19）。

图 4-19　双面混装电路板

双面混装工艺通常有以下几种情况：

① PCB 双面都有 SMD/SMC，THT 元器件只在 A 面，此种的工艺流程通常是：

B 面印焊膏—涂胶水—贴片—回流焊，A 面自动插装 THT 元器件并打弯一翻，A 面点胶水—固化—波峰焊。为了防止由于 THT 引线打弯损坏 B 面的 SMT 元器件，以及插装冲击使得 B 面黏结的 SMC 脱落，通常需要采取减震措施，这是普遍采用的工艺方法。

② 若电路板一面组装的元器件只有 CHIP 或 SOIC 时，即通孔焊接的集成电路，则该面先涂覆胶水并固化，并采用波峰焊焊接。

③ 双面同时焊接。A 面印焊膏—涂胶水—贴片—固化后—翻面—B 面印焊膏—贴片——次过回流焊，使 A 面和 B 面元器件均焊好。但此种工艺有两点要求：

a. 在回流焊温区中，PCB 上、下温差小（2 ℃）；

b. A 面、B 面元器件接近对称。

④ 如果只有少数几个 THT 元件，可采用最后人工插件。

（3）SMT 组装工艺流程总结（见表 4-2）。

表 4-2　SMT 组装工艺流程总结

组装方式		示意图	电路基板	焊接方式	特征
全表面组装	单面表面组装		单面 PCB 陶瓷基板	单面再流焊	工艺简单，适用于小型、薄型简单电路
	双面表面组装		双面 PCB 陶瓷基板	双面再流焊	高密度组装、薄型化
单面混装	SMD 和 THC 都在 A 面		双面 PCB	先 A 面再流焊，后 B 面波峰焊	一般采用先贴后插，工艺简单
	THC 在 A 面，SMD 在 B 面		单面 PCB	B 面波峰焊	PCB 成本低，工艺简单，先贴后插。如采用先插后贴，工艺复杂
双面混装	THC 在 A 面，A、B 两面都有 SMD		双面 PCB	先 A 面再流焊，后 B 面波峰焊	适合高密度组装
	A、B 两面都有 SMD 和 THC		双面 PCB	先 A 面再流焊，后 B 面波峰焊，B 面插装件后附	工艺复杂，很少采用

5.1　SMT 印刷基础知识

在日常的消费类电子产品，如手机、笔记本电脑、液晶电视机等，内部都存在许多 PCB 电路板，上面密密麻麻贴满了各种电子元器件（见图 5-1），而这些电子元器件是如何贴装到 PCB 板上呢？

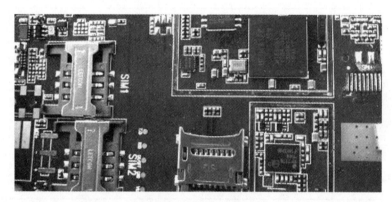

图 5-1　手机电路板

要实现单个的元器件整齐，规范地被焊接在 PCB 电路板上，必须经过 SMT 生产的三大工序：焊锡膏印刷→自动贴片→回流焊。焊锡膏印刷机简称印刷机或丝印机，位于 SMT 生产线的最前端，它将焊膏正确地漏印到印制板的焊盘或相应位置上，为元器件"沾"（贴装）在电路板上做好准备，最后通过自动贴装与焊接，从而使元器件在电路板上"坚如磐石"。

焊锡膏印刷质量直接影响印制板组装件的质量。因此焊膏印刷工艺是 SMT 的关键工艺之一，尤其是对含有 0.4 mm 以下引脚细微间距的 IC 器件贴装工艺，对焊膏印刷的要求更高。而这些都要受到焊膏印刷机的功能、丝网模板设计和选用、焊膏的选择以及由实践经验所设定的参数的控制。

在实际生产中，不合格的表面组装电路板，80%原因都是由于锡膏丝印质量差而造成的，因此锡膏丝网印刷机印刷非常重要。这不仅仅取决于丝印机，还与电路设计、工艺和材料有关，而就丝印机本身来讲，关键是看重复印刷精度指标，印刷质量好不仅能提高产能和效率，而且能够降低成本。

焊锡膏印刷基础知识：

（1）焊锡膏必备知识。

焊锡膏是焊料粉末与具有助焊功能的糊状焊剂混合而成，通常合金焊料粉末质量占 85% ~ 90%，二者各占体积的 50%左右（见图 5-2）。

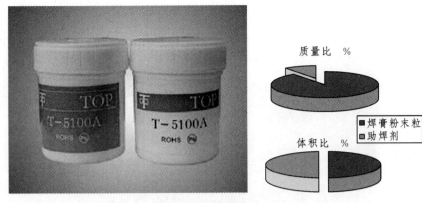

图 5-2　焊锡膏

（2）焊锡膏印刷机理。

以一定角度的刮刀在外力作用下推动焊锡膏沿模板前进，由于焊锡膏与印刷模板面之间存在摩擦力，该摩擦力与焊锡膏移动方向相反，焊锡膏在二合力的作用下而产生旋转，即人们称为滚动现象（见图 5-3）。焊锡膏受到的推力可分解为水平方向和垂直方向的力，但仅是垂直方向的力使焊锡膏顺利地通过窗口沉到 PCB 焊盘上。

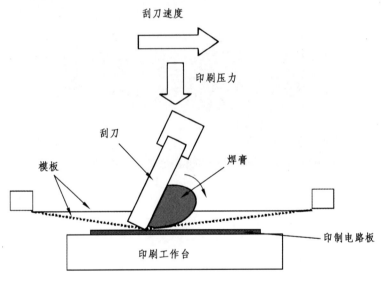

图 5-3　焊锡膏印刷机理

（3）印刷焊锡膏使用。

焊锡膏的使用量不宜过多，一般按 PCB 尺寸来估计：A5 幅面约 200 g；B5 幅面约 300 g；A4 幅面约 350 g。

在使用过程中，应注意补充新焊锡膏，保持焊锡膏在印刷时能够滚动前进。

印刷焊锡膏时的环境质量：无风、洁净、温度（23±3）℃，相对湿度<70%。

5.2　SMT 印刷机分类

根据操作的自动化程度，常见的类型有手动印刷机、半自动印刷机和全自动印刷机。

1. 手动印刷机

手动印刷机（见图 5-4）的各种参数和操作均需要人工调节与控制，主要用于小批量生产和难度不高的产品中。

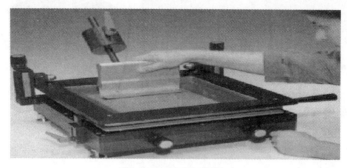

图 5-4　手动印刷机

2. 半自动印刷机

半自动印刷机（见图 5-5）除了 PCB 装夹过程是人工放置以外，其余操作机器可连续完成，但第一块 PCB 与模板窗口位置是通过人工来对中的。T1200 焊锡膏印刷机即为半自动印刷机。

图 5-5　半自动印刷机

3. 全自动印刷机

全自动印刷机（见图 5-6）通常装有光学对中系统，通过对 PCB 和模板上对中标志的识别，可以自动实现模板窗和 PCB 焊盘的自动对中，PCB 自动装载后，能够能实现全自动运行。

图 5-6　全自动印刷机

全自动印刷机是指装卸 PCB、视觉定位、印刷等所有动作全部自动化，印刷机按照事先编制的程序完成对焊锡膏的印刷，完成印刷机后，PCB 通过导轨自动传送到贴装机的入口处，适合大批量生产，目前市场上被广泛采用的印刷机品牌有日立、MPM、EDK、BV 等品牌。

全自动印刷机的实训：

（1）全自动印刷机外部结构。

全自动印刷机的外部结构主要包含触摸屏显示器、主电源开关、机器前盖等（见图 5-7）。

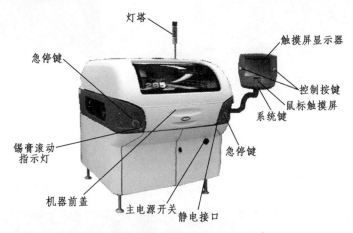

图 5-7　全自动印刷机外部结构

（2）全自动印刷机内部结构。

全自动印刷机内部结构主要包括 X、Y、Z 轴结构，导轨，气缸和刮刀等（见图 5-8）。

图 5-8　全自动印刷机内部结构

（3）操作过程。

以 ETS-S450 全自动印刷机为例。

① 将如图 5-9 所示主电源开关旋转到"ON"位置，打开机器主电源。

② 开启机器供气。

按照安全操作规范开启设备供气，供气开关如图 5-10 所示。注意观察供气气压是否在正常工作气压范围 0.4 ~ 0.6 MPa。

图 5-9　ETS-S450 全自动印刷机

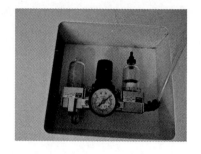

图 5-10　供气开关

③ 打开控制软件。

进入系统后，单击桌面图标进入全自动印刷机控制软件"HTGD"。

④ 设备归零。

进入软件后，需要进行设备初始化，所有运行部件将会归零，以确保设备运行时的精确度。操作方法为在弹出的如图 5-11 所示对话框中直接单击"开始归零"按钮。

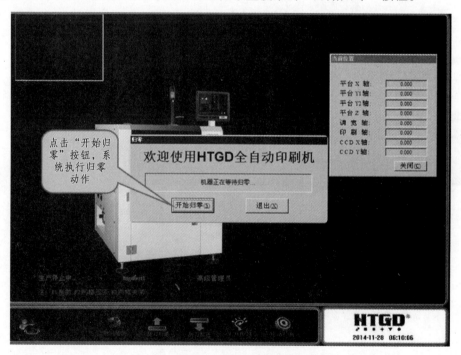

图 5-11　设备归零

权限用户类型分为四级，分别是一级权限、二级权限、三级权限和高级管理员，其各自的权限如下。

a. 一级权限：最低权限，操作者使用，可以调用旧程序和进行生产操作。

b. 二级权限：技术员权限，具有除机器参数修改与刮刀设置以外的所有权限。默认的登录密码是"htgd"。

c. 三级权限：工程师权限，除了继承二级权限以外，还可以进行部分机器参数的修改和刮刀设置等。默认的登录密码是"htgd"。

d. 高级管理员：拥有最高权限，具备所有功能的使用权及修改权。

权限用户登录要根据实际情况进行操作，按照对应的权限进行登录。需要注意的是切勿越权限使用设备，以免因误操作使设备出现故障。不同权限用户所能操作的内容在软件中会高亮显示，不能操作的内容显示为灰色。

⑤ 打开程序。

选择好权限用户后，单击软件"打开"按钮，打开将要进行印刷操作的 PCB 的程序。

⑥ 调整导轨宽度。

打开程序后，弹出"模板设置页 1"界面，如图 5-12 所示。

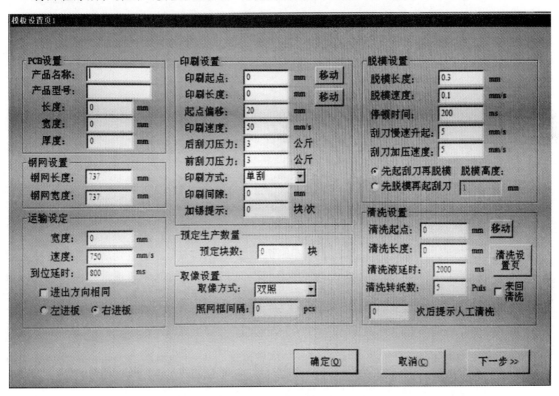

图 5-12　"模板设置页 1"界面

检查程序的编号是否与将要进行印刷操作的 PCB 的编号一致，注意不能修改 PCB 印刷程序参数界面的所有参数。核对完毕直接单击"下一步"按钮，弹出如图 5-13 所示"警告"界面，确认运输导轨上是否有 PCB。

图 5-13　"警告"界面

确认完毕单击"确定"按钮，弹出如图 5-14 所示导轨宽度调整确认界面，直接单击"确定"按钮，即可进行 PCB 运输导轨宽度的调整。

图 5-14　导轨宽度调整确认界面

不更改参数，打开安全门，开启机器内部照明灯，将顶针安装到 PCB 升降平台上。安装顶针前应先将 PCB 按照大概位置放置在 PCB 运输导轨上，放置顶针时要求顶针不能顶到 PCB 上有元件的位置，如图 5-15 所示。

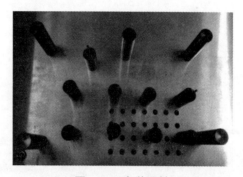

图 5-15　安装顶针

单击"自动定位"按钮，将 PCB 放在印刷机的进板处，PCB 被感应到后会被自动传入印刷机中，然后单击"CCD 回位"按钮，再单击"Z 轴上升"按钮，调整顶针的位置，确保顶针位置无元件。

⑦ 安装钢网并与 PCB 对位。

安装钢网涉及两个按键的操作，分别是键盘上的"F2"键和"F3"键。其中，"F2"键是钢网锁紧/松开切换按键，"F3"键是钢网固定框宽度锁紧/松开切换按键，每按一次都会切换状态。

操作时，先按"F2"键和"F3"键各一次，松开钢网锁紧机构和钢网固定框宽度锁紧机构，调节钢网固定框宽度，将钢网安装到印刷机内并与运输导轨中的 PCB 对位，如图 5-16 所示。

图 5-16　安装钢网

对位完成后，按"F3"键锁定钢网固定框宽度，按"F2"键锁定钢网。若PCB与钢网之间缝隙过大或者PCB升起过高，可通过旋转平台升降手动调节旋钮调节平台高低（逆时针旋转调低，顺时针旋转调高），保证PCB与钢网贴合紧密且不会过高。完成后单击"Z轴下降"按钮，再单击"自动定位"按钮将PCB送到印刷机出板处，将PCB拿出。单击"确认"按钮，弹出是否装置钢网的对话框，单击"否"按钮，返回到机器程序主界面。

⑧ 模拟生产。

关上安全门，单击"生产设置"按钮，将生产模式切换为"模拟生产"及"不清洗"模式，单击"确认"按钮返回主界面，然后单击"开始"按钮，弹出确认生产对话框，再依次单击"确定"→"OK"→"确定"按钮，当显示"PCB到位，准备放板"时，放入PCB，然后单击"确定"按钮，此时印刷机进行钢网MARK点与PCBMARK点自动定位，弹出误差确认对话框后单击"确定"按钮，开始进行模拟生产。观察模拟印刷的位置及行程是否正确，待模拟生产完成并确认无误后单击"停止"按钮，停止模拟生产。

⑨ 添加锡膏。

将锡膏约2/3的量均匀添加于钢网上的印刷起点处，并保证钢网表面到锡膏顶部约10 mm厚度，注意不能将锡膏放到钢网的窗口上（见图5-17）。

图 5-17　添加锡膏

⑩ 开始生产。

锡膏添加完毕，单击"生产设置"按钮，将生产模式切换为"正常生产"及"清洗"模式，单击"确认"按钮返回主界面，然后单击"开始"按钮，弹出确认生产对话框，再依次单击"确定"→"OK"→"确定"按钮，当显示"PCB到位，准备放板"时，放入PCB，然后单击"确定"按钮，此时印刷机进行钢网MARK点与PCBMARK点自动定位，弹出误差确认对话框后单击"确定"按钮，开始进行PCB印刷生产。印刷完毕，到印刷机出板处将印刷好的PCB取出，并检查印刷质量，出现问题应及时停止印刷。

（4）全自动印刷机的运行参数。

① 刮刀的夹角。

刮刀的夹角是指刮刀的刀尖与钢网接触时形成的夹角（见图5-18）。

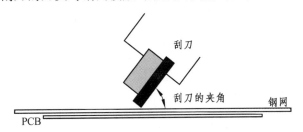

图 5-18　刮刀的夹角

刮刀的夹角大小影响刮刀对锡膏垂直方向力的大小。刮刀的夹角越小，其垂直方向的分力越大，通过改变刮刀的夹角可以改变所产生的压力。刮刀的夹角如果大于80°，则锡膏只能保持原状前进而不滚动，此时垂直方向的分力几乎为零，锡膏不会被压入印刷钢网窗口。刮刀夹角的最佳设定应为 45°~60°（见图 5-19），此时锡膏有良好的滚动性。有些刮刀已做成一定角度，则无须设定，只要固定好即可。

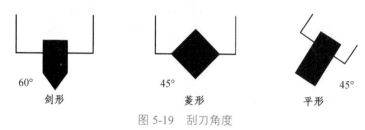

60°   剑形   45°   菱形   平形   45°

图 5-19　刮刀角度

② 刮刀的速度。

刮刀的速度快，锡膏所受的力就大。但提高刮刀速度，锡膏压入的时间将变短。如果刮刀速度过快，则可能导致锡膏不能滚动而仅在印刷钢网上滑动。考虑到锡膏压入印刷钢网窗口的实际情况，最大的印刷速度应保证 FQFP（小引脚中心距方形扁平式封装）焊盘锡膏印刷纵横方向均匀、饱满，印刷速度一般为 15~25 mm/s；进行高精度印刷时（元器件的引脚间距≤0.65 mm），印刷速度为 20~50 mm/s。

③ 刮刀的压力。

刮刀的压力即通常所说的印刷压力，印刷压力的改变对印刷质量影响非常大。印刷压力不足会引起锡膏刮不干净且易导致 PCB 上锡膏量不足，印刷压力过大又会导致钢网背后的渗漏，故一般对刮刀压力的设定要求如下。

a. 对压缩空气动力的要求是 0.4~0.6 MPa。

b. 对施加压力的要求是在每 50 mm 长度的刮刀上施加约 10 N 的压力。例如，300 mm 长度的刮刀上需施加约 60 N 的压力。理想的刮刀速度与压力应该以正好把锡膏从钢网表面刮干净为准。

④ 刮刀宽度。

如果刮刀相对于 PCB 过宽，那么就需要更大的压力、更多的锡膏参与其工作，因而会造成锡膏的浪费。一般刮刀的宽度为 PCB 宽度（印刷方向）加 50 mm 左右为最佳，并要保证刮刀头落在金属模板上。

⑤ 脱模速度。

锡膏印刷后，钢网离开 PCB 的瞬时速度是影响印刷质量的关键参数，其调节能力也是体现印刷机质量好坏的参数，在精密印刷中尤其重要。早期印刷机采用恒速分离；先进的印刷机中，钢网离开锡膏图形时则有一个微小的停留过程，以保证获取最佳的印刷效果。一般印刷完成后，先有一个微小的停顿时间（约 200 ms），再进行分离，并且在工作台开始下落的前 0.3 mm 范围内分离速度可调为 0.1 mm/s。

6.1　贴片的常见方法和工艺流程

6.1.1　常见的贴片方法

常见的贴片方法主要有手工贴装、半自动贴装和全自动贴装。

（1）手工贴装是指手动将贴片元器件贴放在 PCB 焊盘上，主要用于单件研发、返修过程或元器件较少的场合。

（2）半自动贴装是指借助返修装置等工具设备，对一些微型化或引脚间距较小的芯片进行贴装。

（3）全自动贴装是指在 SMT 生产线中，利用全自动贴片机对元器件进行自动贴装，主要用于大批量生产、对贴装精度及生产效率有较高要求的场合。

6.1.2　贴片工艺流程

贴片的工艺流程主要包括贴装前准备、首件试贴及检测、连续贴装、贴装后质量检测。

（1）贴装前准备：贴装前准备主要包括元器件、PCB 的核对及检验，工具的准备，设备的开机检查，程序的编辑等。

（2）首件试贴及检测：首件试贴、检测非常重要，是指对所贴元器件型号、方向、规格进行检查，以保证后续连续贴装的正确性。一般每班、每批次都要进行。

（3）连续贴装：首件检测合格后，根据要求进行大批量生产。

（4）贴装后质量检测：批量生产过程中，对贴装后产品进行定时检测、抽样检测，对引脚间距较小的芯片有时需要进行全检。

6.2　手工贴装工具及操作方法

6.2.1　手工贴装工具

手工贴装工具主要包括防静电工作台、防静电腕带、不锈钢镊子、真空吸笔、台灯放大镜、显微镜等，如表 6-1 所示。

表 6-1   手工贴装工具

名称	图片	名称	图片
防静电工作台		防静电腕带	
不锈钢镊子		真空吸笔	
台灯放大镜		显微镜	

6.2.2   手工贴装操作方法

贴片元器件封装类型不同，手工贴装方法也不同。

1. 片式元器件的贴装

散件可以采用镊子夹持元器件，编带包装可采用真空吸笔吸取元器件，将元器件焊端对准 PCB 相应焊盘，轻轻按压，使元器件焊端浸入锡膏。

2. SOT 封装元器件的贴装

用镊子或真空吸笔夹持元器件并注意方向，将元器件焊端对准 PCB 相应焊盘，轻轻按压，使引脚浸入锡膏（约 1/2 高度）。

3. 翼形引脚封装 IC 的贴装

如 SOP、QFP 封装元器件等，用同样方法夹持器件，将器件 1 号引脚或定位标记对准 PCB 上定位标记，然后对准其余引脚，轻轻按压，使引脚浸入锡膏（约 1/2 高度），若引脚间距小于 0.65 mm，则需在台灯放大镜或显微镜下操作，确保对正、对准。

4. J 形引脚封装 IC 的贴装

如 SOJ、PLCC 封装元器件等，与 SOP、QFP 封装元器件的贴装方法相同，但由于 J 形引脚在器件底部，故需将器件倾斜检查是否对中。

5. BGA 封装 IC 的贴装

BGA 封装 IC 的引脚为球形引脚并且在器件底部，贴装完成后，需通过 X-Ray 检测设备进行检测，判断是否对中。

6.3 自动贴片工艺及设备

6.3.1 自动贴片的工艺流程和注意事项

1. 自动贴片的工艺流程

对于原有产品的贴装，由于为生产过的产品，所以贴装程序已有存储，只需调用，但程序仍需要核查，防止调用错误。全自动贴装工艺流程如图 6-1 所示。

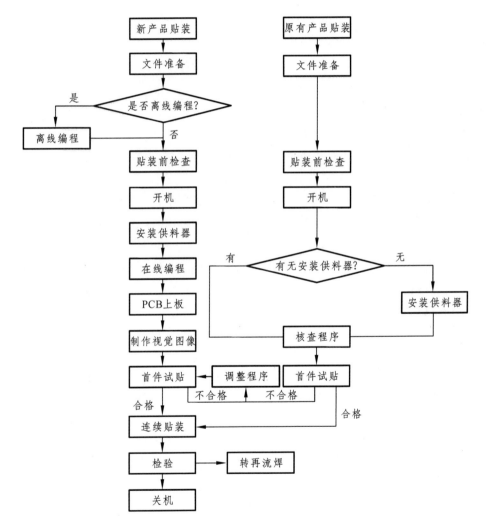

图 6-1 手全自动贴装工艺流程

2. 自动贴片的工艺流程

（1）文件准备；

（2）离线编程；

（3）贴装前检查；

（4）开机；

（5）安装供料器；

（6）在线编程（程序调用）；

（7）PCB 上板；

（8）制作视觉图像；

（9）首件试贴；

（10）检验并调整程序；

（11）批量贴装生产；

（12）贴装后检验。

3. 自动贴片的注意事项

（1）贴装前注意事项。

① 根据贴装领料明细表，认真核对领料是否正确。

② 对所用 PCB、元器件进行检查处理，看是否氧化、受潮等，若氧化需更换，若受潮需做烘干处理。

③ 检查贴装设备能否正常开机，气压是否达到设备要求，一般为 0.6 MPa 以上。

④ 开机后确保导轨、贴装头等可正常移动，设备内部没有任何杂物。

⑤ 检查吸嘴是否堵塞或气压不足。

⑥ 为不同种类、不同大小的元器件选择合适的供料器，安装供料器，注意必须安装到位，检查无误后方可试贴。

（2）贴装过程中的注意事项。

① 严格按照设备安全操作规程开机检查后，方可进入正常运行状态。

② 调整合适的导轨宽度，确保 PCB 可以自由滑动，并做好 PCB 定位。防止贴装时由于贴装头压力改变而导致 PCB 松动。

③ 若生产原有产品，要确保所选程序正确，并根据工艺文件进行元器件校对，防止贴装错误。

④ 大批量贴装前，需进行首件试贴，经检测无误后才可进行大批量贴装。

⑤ 贴装过程中要注意抛料数据，若超出正常值，则检查所选元器件是否符合要求，或进一步优化程序。

⑥ 装压力不可过大也不可过小，防止出现贴装缺陷。

（3）贴装后注意事项。

检查贴片是否准确，有无立片、反向、漏贴等，总结归纳贴片过程遇到的问题，提高贴片效率。

6.3.2 自动贴片机的分类和特点

1. 贴片机分类

全自动贴片机主要有以下几种分类方式。

（1）按照贴装速度不同分。

自动贴片机根据贴装速度不同，可分为低速贴片机、中速贴片机、高速贴片机和超高速贴片机。

（2）按照贴片机的功能不同分。

自动贴片机按照功能不同，可分为高速贴片机和多功能贴片机。

（3）按照贴片机内部结构不同分。

自动贴片机按照内部结构不同，可分为拱架式贴片机、转塔式贴片机和模块机。

① 拱架式贴片机。

图 6-2 所示为动臂式结构的拱架式贴片机。

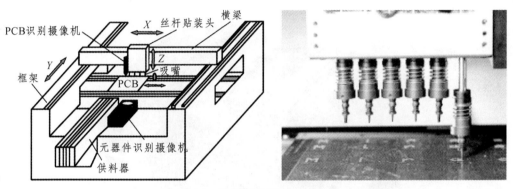

图 6-2 动臂结构拱架式贴片机

图 6-3 所示为垂直旋转式结构的拱架式贴片机，采用垂直旋转贴装头，PCB、供料器固定，设备内部多用两组贴装头，一组吸取，一组贴装，同时进行。贴装头可在 X、Y 方向上移动，完成所有贴装工序。

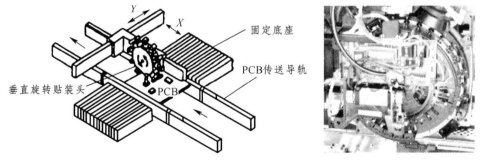

图 6-3 垂直旋转贴片机（垂直旋转贴装头）

② 转塔式贴片机。

转塔式贴片机如图 6-4 所示，也称为水平旋转贴片机或射片机，其特点是速度快、精度高，多用于贴装小型片式及圆柱形元件，一般为高速贴片机和超高速贴片机。

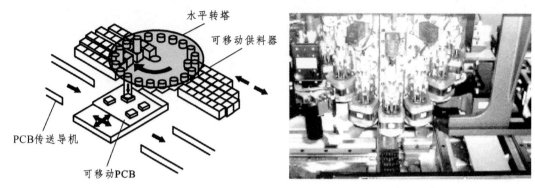

图 6-4　转塔式贴片机（水平旋转贴装头）

③ 模块机。

模块机是将整个印制电路板分成模块，各个小的贴装单元相对独立，在机器内部导轨上一步步推进，每个贴装单元都有独立的贴装头和对中系统，可实现贴装头流水作业，贴装速度极快，适用于规模化生产。图 6-5 所示为模块机。

图 6-5　模块机

④ 按照贴片方式不同分。

自动贴片机按照贴片方式不同，可分为顺序式、同时式、流水作业式和顺序同时式四种类型，如图 6-6 所示。

⑤ 按照价格不同分。

自动贴片机按照价格不同，可分为低档、中档和高档贴片机。

⑥ 按照综合因素分。

自动贴片机综合各项因素，可分为小型机、中型机、大型机。各种类型供料器、贴装头的规模也不同。

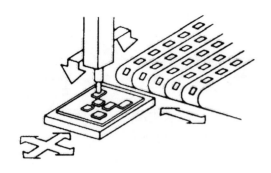

（a）顺序式

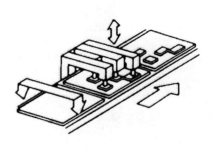

（b）同时式

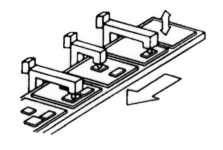

（c）流水作业式

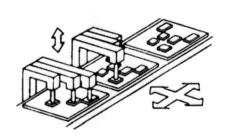

（d）顺序同时式

图 6-6　贴片机按照贴片方式分类

2. 贴片机的特点

全自动贴片机与手动贴片机及半自动贴片机相比，优点如下。

（1）节省人力。

（2）贴装速度快。

（3）贴装精度高。

（4）适用范围广。

6.3.3　自动贴片机的组成结构和技术指标

1. 组成结构

自动贴片机的整机外观如图 6-7（a）所示。它实质上可称为一种通过程序控制的工业机器人。工作过程中可实现拾片、校正、贴片等功能，如图 6-7（b）所示，可将 SMC/SMD 准确地贴装在相应焊盘上。

（1）设备框架。

贴片机的设备框架一般采用铸铁件制造，以保证设备运行中振动小、精度高。

（2）计算机控制系统。

贴片机能够有序运行的核心是计算机控制系统。它采用 Windows 操作界面，直观易操作，通过在线或离线编程实现贴片机的自动运行，计算机也用于实现人机对话。

（a）自动贴片机整机外观图　　　　　（b）贴片机工作示意图

图 6-7　自动贴片机

（3）光学检测与视觉对中系统。

光学检测与视觉对中系统的主要功能在于保证元器件可以准确贴装在指定的焊盘上，实现高精度贴装。主要分为对 PCB 位置的确认和对元器件的确认两部分。

有些贴片机的仰视摄像机也装在贴装头上，通过平面镜反射实现元器件图像采集，同时为提高贴装效率，已经实现在贴装头移动过程中对元器件进行校正，可节省时间，提高效率。图 6-8 所示为视觉对中系统示意图。

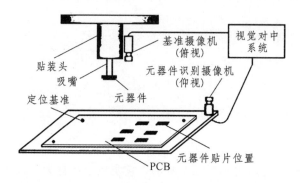

图 6-8　视觉对中系统示意图

（4）定位系统。

在贴片机工作过程中，定位系统需要完成贴装头定位、元器件定位、吸嘴定位等，主要可分为贴装头 X-Y 平面定位、Z 轴方向定位以及偏转角度定位三种。

①贴装头 X-Y 平面定位系统主要包括 X-Y 传动机构和 X-Y 伺服系统。以动臂式结构的拱架式贴片机为例，贴装头安装在 X 轴导轨上，可在 X 轴方向移动，X 轴导轨沿着 Y 轴导轨运动，从而实现贴装头在 X-Y 平面贴装，如图 6-9 所示。

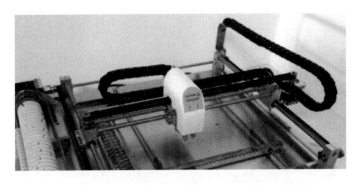

图 6-9　平面定位

②Z 轴方向定位并不是指贴装头在 Z 轴方向移动,而是指吸嘴和与吸嘴相连的丝杆在贴片时,上下运动将元器件贴装在焊盘上,不同的 PCB、不同的元器件厚度决定 Z 轴方向的定位设置。

③偏转角度定位是指 Z 轴的旋转定位。贴装过程中,吸嘴吸取元器件后,经成像采集,若检测存在角度偏转,则在贴装头内部已安装好的微型脉冲电动机直接驱动吸嘴装置旋转,校正元器件的偏转。

(5)传感设备。

自动贴片机中所使用的传感设备种类繁多,如位置传感器、压力传感器、负压传感器、激光传感器、图像传感器、区域传感器等,不同的传感设备功能也不同,运行中通过传感设备时刻监视贴片机的状态,实现智能化贴装。

下面简单介绍几种传感器在贴片机运行中的功能。

①位置传感器。位置传感器主要用于传送导轨上 PCB 的定位和计数、贴装头的定位、安全检测等,如图 6-10 所示。

图 6-10　传感器在传送导轨中的位置

②压力传感器。在贴片机中,很多位置需要气缸、真空发生器等,因此,需要有压力传感器监测气压大小,实时报警。只有气压合适,贴片机才能正常工作。

③负压传感器。自动贴片机的吸嘴靠负压从供料器吸取元器件。

(6)传送导轨。

传送导轨是形成自动生产线必须具备的部件,在整个 SMT 生产流程中,PCB 经传送导轨从上板机进入印刷机,再进入贴片机、再流焊机,从下板机出去,完成整个贴装过程。传送导轨可根据 PCB 的宽度进行宽度调节,可根据 PCB 长度确定传感器位置。

(7)贴装头。

贴片机等次不同、结构不同、贴装速度不同,所采用的贴装头也不同。主要有以下几种。

① 丝杆式贴装头。

② 垂直旋转式贴装头。

③ 转塔式贴装头，如图 6-11 所示。

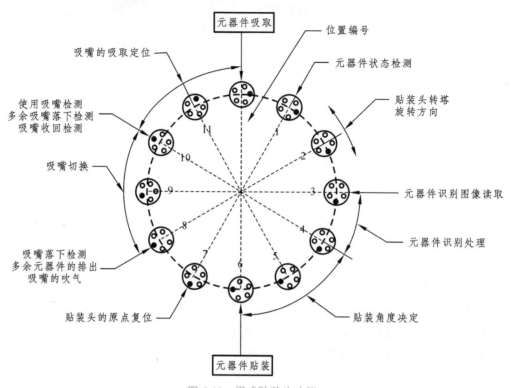

图 6-11　塔式贴装头功能

（8）吸嘴。

吸嘴外形如图 6-12 所示，其安装在贴装头上，用于吸取和贴放元器件，是贴片机工作的核心。

图 6-12　吸嘴与吸嘴更换槽

（9）供料器。

供料器也称为送料器、喂料器、飞达（Feeder），SMT 贴片机根据编程指令到指定的位置拾取元器件，然后到指定位置进行贴装。不同的元器件根据大小、封装、厂家不同，包装形式也不同，如图 6-13 所示。

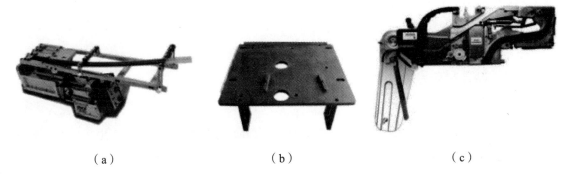

（a）　　　　　　　　　（b）　　　　　　　　　（c）

图 6-13　常见的供料器种类

2. 主要技术指标

一台贴片机的档次分类主要取决于贴片机的三个主要技术指标：贴装精度、贴片速度和适应范围。

（1）贴装精度。

贴装精度体系主要包含贴装精度、分辨率和重复精度三个方面。三者之间相互关联。

（2）贴片速度。

贴片速度受诸多因素的影响，如元器件数量、PCB 设计方案、贴片机的种类等。

（3）适应范围。

贴片机的适应范围包括贴片机可贴装的元器件种类、可安装的供料器种类和数目、最大贴装面积、调整方式、对中方式、编程功能等。

6.3.4　贴片机编程的两种常见方式

1. 离线编程

大多数贴片机都配有离线编程功能，离线编程一般是在有 CAD 文件的基础上进行的。

离线编程就是利用 CAD 生成的 PCB 层文件及 BOM 文件和自动编程优化软件在计算机上进行程序编制。通过各文件和编程软件的结合，可以快速获取 PCB 所需元器件种类、封装、吸嘴大小、坐标、偏转角度，再增加每种元器件供料位编号等，就可完成贴片编程的主要内容。

离线编程的步骤如图 6-14 所示。

图 6-14　离线编程方框图

2. 在线编程

（1）示教编程。

有些贴片机带有示教盒，可采用示教编程。示教编程是贴片机编程中最简单的编程方法，即应用示教盒移动摄像头到 PCB 上，确定每个元器件的坐标，再手动输入元器件的其他信息。

按照步骤可分为拾片示教、贴片示教。

（2）手动输入编程。

每种贴片机都可手动输入编程。

6.3.5 贴片机的发展趋势

1. 高效率双路输送结构

为提高生产效率、缩短工作时间，未来贴片机趋向双路输送结构，有同步工作方式和异步工作方式两种，可实现两块相同 PCB 同时进入、贴装、出板，或不同大小的 PCB 产品分别作业。

2. 高速、高精度、智能化、多功能

贴片机的贴装速度、精度、功能化在工作时是相互矛盾的，实现高速就要适当降低精度。"飞行检测技术"就是为提高工作效率采用的新功能，新的 SIEMENS 贴片机引入了智能化控制模块，可保证速度，降低缺陷率。YAMAHA 新推出的 YV88X 机型，采用双组旋转贴装头，可提高贴装效率，保证了良好的贴装精度。

3. 多悬臂，多贴装头

单悬臂单贴装头的拱架式贴片机已不能满足生产效率的要求，如 SIEMENS 的 S25 型贴片机采用双悬臂结构，两个贴装头交替工作，成倍地提高了生产效率。目前，市面上已经出现了四悬臂高速贴片机，如 SIEMENS 的 HS60 机型、Panasonic 的 CM602 机型等。多悬臂、多贴装头机型正逐步取代转塔式贴片机。

4. 柔性连接，模块化

日本 FUJI 公司在贴片机的研究上，率先改变传统观念，将贴片机分为控制主机和功能模块机。在生产过程中，可根据客户的不同需求应用控制主机和功能模块机来组装生产线，同时，若生产中产品做出调整或改进，也可随时调换功能模块机以满足新产品的要求。

5. 自动化编程

贴片机编程过程中，需人工录入元器件信息，不可避免地会有人为失误。若采用新型的视觉软件，只需用摄像机获取元器件图像，软件就可自动生成元器件的相关信息，这项技术对于异形元器件的信息录入将有很大的帮助，从而提高生产效率。

6.4 贴片质量控制与分析

6.4.1 影响贴片质量的主要因素

1. 来料质量

来料质量包括 PCB 是否受潮、弯曲，焊盘是否氧化、能否顺利黏锡膏；锡膏黏性的大小；元器件表面、引脚是否平整，元器件实际封装尺寸与要求尺寸的偏差。

2. 供料准确性

供料准确性是指供料器上配置的元器件封装、大小、方向是否和装配图与明细表完全一致；物料补充时，是否核对正确以及供料器安装有无偏差。准确安装的料带才可准确贴装在相应位置上。

3. 程序编辑

贴片机程序正确、合理才可保证元器件的正确拾取、正确贴装。主要参数包括元器件的位置坐标、所用吸嘴、相应供料器位置、是否跳片、贴装压力、贴装速度等。

4. 贴片机性能

贴片机本身的精度高低也直接影响贴装质量，包括 $X\text{-}Y$ 导轨偏差、贴装头移动的精度、贴片机对中系统的调整方式等。

6.4.2 贴片质量过程控制

1. 对贴片质量的要求

对贴片质量的要求主要包括对元器件的要求和对贴装效果的要求。

（1）对元器件的要求。

元器件类型、封装、型号、标称值、极性等，都要与 CAD 提供的原理图、PCB 图和元器件明细表一致，若有特殊情况，必须经工程师确认才可修改。

（2）对贴装效果的要求。

① 贴装好的元器件不可有裂痕。

② 元器件贴装完成后，焊端或引脚至少浸入锡膏 1/2。

③ 锡膏挤出量一般应小于 0.2 mm，窄间距元器件的锡膏挤出量应小于 0.1 mm。

④ 元器件中心与 PCB 上对应焊盘中心应尽量对准，允许有偏差，但偏差不宜太大。

⑤ 矩形封装元器件，无论发生横向偏移还是旋转偏移，焊端至少有 1/2 在焊盘上，才算合格。若发生纵向偏移，焊端距离焊盘边沿至少应有 1/3 焊端高度，另一端焊端必须在锡膏上，如图 6-15 所示。

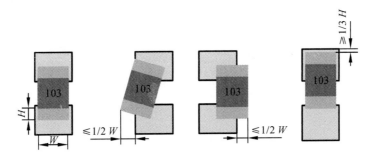

图 6-15　矩形封装元器件允许偏差范围

⑥ SOT 封装元器件允许平移或旋转偏差，但引脚必须都在对应焊盘上。

⑦ SOP 封装元器件允许平移或旋转偏差，但引脚宽度至少应有 1/2 在焊盘上。

⑧ QFP、PLCC 封装元器件允许平移或旋转偏差，但引脚宽度至少有 1/2 在焊盘上，允许趾部少量伸出焊盘，根部必须在焊盘上，长度至少有 1/2 在焊盘上。

⑨ BGA 封装元器件的焊球中心与焊盘中心偏移应小于焊球半径。

2. 贴片过程的质量控制

PCB 经过印刷机后，每个焊盘上均涂覆好锡膏，下一步将进行贴片，贴片过程的质量控制主要从以下几个方面着手。

（1）贴片前领料；

（2）供料器安装；

（3）首件试贴；

（4）贴装压力调整；

（5）贴片机选择。

6.4.3 贴片质量检测与缺陷分析方法

1. 贴片质量检测标准

贴片质量检测标准，一般遵循 IPC 相关验收标准。产品类别不同，验收标准也不同。

我国的电子产品主要分为消费类、工业类、军用和航空航天类三大类。相应的验收标准也有一级验收标准、二级验收标准和三级验收标准。

（1）矩形片式元件：元件电极全部位于焊盘上并居中。

（2）小外形晶体管 SOT 系列：引脚全部位于焊盘上并对称居中。

（3）小外形集成电路和网络电阻：引脚趾部和跟部全部位于焊盘上，所有引脚对称居中。

（4）四边扁平封装器件和超小型封装器件：引脚与焊盘重叠、无偏移。

（5）球形引脚系列（BGA、POP）：焊球中心与焊盘中心重叠、无偏移。

以消费类电子产品检测标准为例，示例见表 6-2。

表 6-2 贴片质量缺陷常见原因及改善途径

元器件封装类型	图示	检测标准
矩形片式元件	>0.5	贴片电极与相邻焊盘和相邻贴片电极的距离必须大于 0.5 mm 贴片电极与相邻图形的距离应大于 0.2 mm（包含元件下面的图形）
		元件电极宽度的一半或一半以上应处于焊盘上
	0.3	元件电极要有 0.3 mm 以上在焊盘上

元器件封装类型	图示	检测标准
矩形片式元件	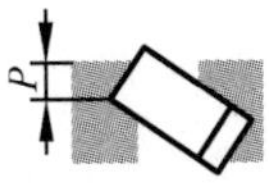	旋转偏差，距离 P 应大于元件宽度的 1/2
小外形晶体管 SOT 系列		允许有平移偏差和旋转偏差，但各引脚的趾部和跟部应处于焊盘上，并且确保引脚的 1/2 以上在焊盘上
小外形集成电路和网络电阻		允许有平移偏差和旋转偏差，但各引脚的跟部和趾部应处于焊盘上，并且确保引脚宽度的 1/2 和 0.2 mm 以上在焊盘上
四边扁平封装和超小型封装器件	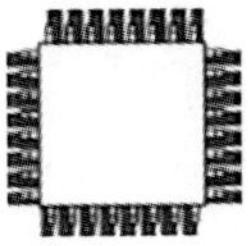	允许有平移偏差和旋转偏差，但各引脚的跟部和趾部应处于焊盘上，并且确保引脚宽度的 1/2 和 0.2 mm 以上在焊盘上
球形引脚系列（BCA、POP）	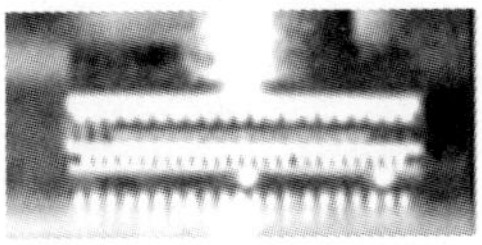	焊球中心与焊盘中心偏移小于焊球半径

2. 贴片质量缺陷分析方法

SMT 常见的贴片质量缺陷主要有漏贴、错贴、反贴、偏移、损件等，其常见原因及改善途径见表 6-3。

表 6-3　贴片质量缺陷常见原因及改善途径

贴片质量缺陷	原因分析	改善途径
漏贴	设备原因：真空不足、程序错误 物料原因：PCB 弯曲、锡膏黏性不足	设备改善：检查真空、修改程序 物料改善：筛选 PCB、改进垫板方式、检查锡膏、缩短印刷和贴装的间隔时间
错贴	设备原因：程序错误 物料原因：供料器中元器件和程序不符、元器件在供料器中混料、上料 SIC 错误	设备改善：修改程序 物料改善：检查供料器中元器件、换料、修正 SIC
反贴	设备原因：程序错误 物料原因：元器件在供料器中极性与程序不符、供料器中极性混乱、板子极性标识错误	设备改善：修改程序 物料改善：修改程序、换料、检查装配图

贴片质量缺陷	原因分析	改善途径
偏移	设备原因：真空不足、程序错误、进板传送带歪斜、机器精度不够 物料原因：PCB 原点不准、锡膏黏性不足	设备改善：检查真空、修改程序、调整进板传送带、更换高精度设备 物料改善：检查 PCB、检查锡膏、缩短印刷和贴装的间隔时间
损件	设备原因：贴装压力过大 物料原因：PCB 弯曲、原材料损坏	设备改善：修改程序、调整贴装压力 物料改善：筛选 PCB、改进垫板方式、检查原材料

回流的温度曲线亦即是固化、回流条件，正确的温度曲线将保证高品质的焊接锡点。在回流炉里，其内部对于我们来说是一个黑箱，我们不清楚其内部发生的事情，这为我们制定工艺带来重重困难。为克服这些困难，在SMT行业里普遍采用温度测试仪得出温度曲线，它是工艺更改的重要依据。

7.1　掌握焊接温度与传送速度

温度曲线是施加于电路装配上的温度对时间的函数，当在笛卡尔平面作图时，回流过程中在任何给定的时间上，代表PCB上一个特定点上的温度形成一条曲线。

几个参数影响曲线的形状，其中最关键的是传送带速度和每个区的温度设定。传送带速度决定机板暴露在每个区所设定的温度下的持续时间，增加持续时间，可以允许更多时间使电路装配接近该区的温度设定。每个区所花的持续时间总和决定总共的处理时间。

每个区的温度设定影响PCB的温度上升速度，高温在PCB与区的温度之间产生一个较大的温差。增加区的设定温度允许机板更快地达到给定温度。因此，必须作出一个图形来决定PCB的温度曲线。接下来是这个步骤的轮廓，用以产生和优化图形。

需要下列设备和辅助工具：温度曲线仪、热电偶、将热电偶附着于PCB的工具和锡膏参数表。测温仪器一般分为两类：实时测温仪，即时传送温度/时间数据和作出图形；而另一种测温仪采样储存数据，然后上载到计算机。

将热电偶使用高温焊锡如银/锡合金，焊点尽量最小附着于PCB，或用少量的热化合物（也叫热导膏或热油脂）斑点覆盖住热电偶，再用高温胶带（如Kapton）黏住附着于PCB。

附着的位置也要选择，通常是将热电偶尖附着在PCB焊盘和相应的元件引脚或金属端之间，如图7-1所示。

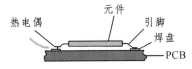

图7-1　热电偶尖附着位置

锡膏的特性参数表也是必要的，其应包含所希望的温度曲线持续时间、锡膏活性温度、合金熔点和所希望的回流最高温度。

1. 理想的温度曲线

理论上理想的曲线（见图7-2）由四个部分或区间组成，前面三个区加热，最后一个区冷却。炉的温区越多，越能使温度曲线的轮廓达到更准确和接近设定。

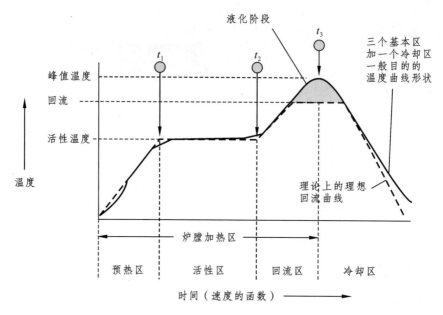

图 7-2　理想的温度曲线

预热区，将 PCB 的温度从周围环境温度提升到所需的活性温度。其温度以不超过 2～5 ℃/s 速度连续上升，温度升得太快会引起某些缺陷，如陶瓷电容的细微裂纹，而温度上升太慢，锡膏会感温过度，没有足够的时间使 PCB 达到活性温度。炉的预热区一般占整个加热通道长度的 25%～33%。

活性区，有时叫干燥或浸湿区。这个区一般占加热通道的 33%～50%，有两个功用：第一，将 PCB 在相当稳定的温度下感温，使不同质量的元件具有相同温度，减少它们的相对温差；第二，允许助焊剂活性化，挥发性的物质从锡膏中挥发。一般普遍的活性温度范围是 120 ℃～150 ℃，如果活性区的温度设定太高，助焊剂没有足够的时间活性化。因此理想的曲线要求相当平稳的温度，这样使得 PCB 的温度在活性区开始和结束时是相等的。

回流区，其作用是将 PCB 装配的温度从活性温度提高到所推荐的峰值温度。典型的峰值温度范围是 205 ℃～230 ℃，这个区的温度设定太高会引起 PCB 的过分卷曲、脱层或烧损，并损害元件的完整性。

理想的冷却区曲线应该是和回流区曲线呈镜像关系。越是靠近这种镜像关系，焊点达到固态的结构越紧密，得到焊接点的质量越高，结合完整性越好。

2. 实际温度曲线

当我们按一般 PCB 回流温度设定后，给回流炉通电加热，当设备监测系统显示炉内温度达到稳定时，利用温度测试仪进行测试以观察其温度曲线是否与我们的预定曲线相符。否则要重新进行各温区的温度设置及炉子参数调整，这些参数包括传送速度、冷却风扇速度、强制空气冲击和惰性气体流量，以达到正确的温度为止。

典型 PCB 回流区间温度设定如表 7-1 所示。

表 7-1　典型 PCB 回流区间温度设定

区间	区间温度设定	区间末实际板温
预 热	210 °C	140 °C
活 性	180 °C	150 °C
回 流	240 °C	210 °C

以下是一些不良的回流曲线类型：

（1）预热不足或过多的回流曲线（见图 7-3）。

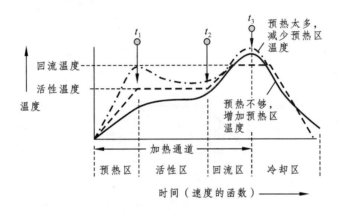

图 7-3　预热不足或过多的回流曲线

（2）活性区温度太高或太低（见图 7-4）。

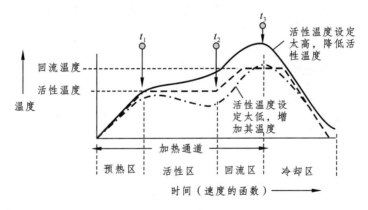

图 7-4　活性区温度太高或太低的回流曲线

（3）回流太多或不够（见图 7-5）。

（4）冷却过快或不够（见图 7-6）。

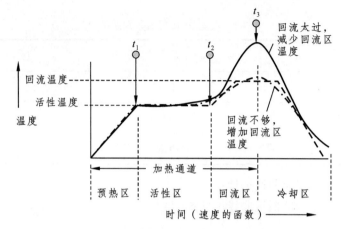

图 7-5　回流太多或不够的回流曲线

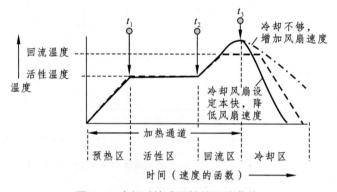

图 7-6　冷却过快或不够的回流曲线

最后的曲线图尽可能地与所希望的图形相吻合，应该把回流炉的参数记录或储存以备后用。虽然这个过程开始很慢并且费力，但最终可以提高熟练程度和速度，结果得到高品质的 PCB 的高效率的生产。

7.2　回流焊主要缺陷分析

在 SMT 生产过程中，我们都希望基板从贴装工序开始，到焊接工序结束，质量处于零缺陷状态，但实际上这很难达到。由于 SMT 生产工序较多，不能保证每道工序不出现一点点差错，因此在 SMT 生产过程中我们会碰到一些焊接缺陷。这些焊接缺陷通常是由多种原因所造成的，对于每种缺陷，我们应分析其产生的根本原因，这样在消除这些缺陷时才能做到有的放矢。本项目将以一些常见焊接缺陷为例，介绍其产生的原因及排除方法。

1. 锡珠（Solder Balls）

如图 7-7 所示，造成锡珠的原因如下：

（1）丝印孔与焊盘不对位，印刷不精确，使锡膏弄脏 PCB。

（2）锡膏在氧化环境中暴露过多、吸空气中水分太多。

（3）加热不精确，太慢且不均匀。

（4）加热速率太快且预热区间太长。

（5）锡膏干得太快。

（6）助焊剂活性不够。

（7）太多颗粒小的锡粉。

（8）回流过程中助焊剂挥发性不适当。锡球的工艺认可标准是：当焊盘或印制导线的之间距离为 0.13 mm 时，锡珠直径不能超过 0.13 mm，或者在 600 mm^2 范围内不能出现超过五个锡珠。

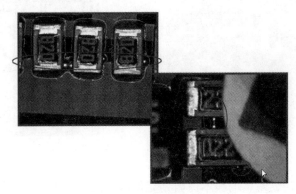

图 7-7　锡珠

2. 锡桥（Bridging）

一般来说，造成锡桥的因素就是由于锡膏太稀，包括锡膏内金属或固体含量低、摇溶性低、锡膏容易炸开，锡膏颗粒太大、助焊剂表面张力太小，焊盘上太多锡膏，回流温度峰值太高，等（见图 7-8）。

图 7-8　锡桥

3. 开路（Open）

造成开路的原因如下：

（1）锡膏量不够。

（2）元件引脚的共面性不够。

（3）锡湿不够（不够熔化、流动性不好），锡膏太稀引起锡流失。

（4）引脚吸锡（像灯芯草一样）或附近有连线孔。引脚的共面性对密间距和超密间距引脚元件特别重要，一个解决方法是在焊盘上预先上锡。引脚吸锡可以通过放慢加热速度和底面加热多、上面加热少来防止。也可以用一种浸湿速度较慢、活性温度高的助焊剂或者用一种 Sn/Pb 不同比例的阻滞熔化的锡膏来减少引脚吸锡。

4. 立碑现象

回流焊中，片式元器件常出现立起的现象，称之为立碑，又称之为吊桥、曼哈顿现象，贴片元器件的立碑现象如图 7-9 所示。圆柱形二极管的立碑现象如图 7-10 所示。这是在回流焊工艺中经常发生的一种缺陷。

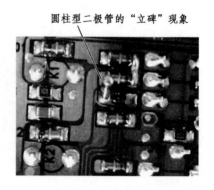

| 图 7-9　贴片元器件的立碑现象 | 图 7-10　圆柱形二极管的立碑现象 |

产生原因：立碑现象发生的根本原因是元件两边的润湿力不平衡，因而元器件两端的力矩也不平衡，从而导致立碑现象的发生，如图所示。若 $M_1 > M_2$，元器件将向左侧立起；若 $M_1 < M_2$，元器件将向右侧立起（见图 7-11）。

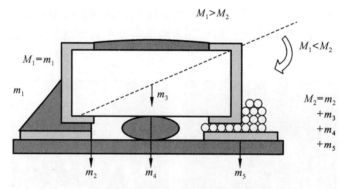

图 7-11　元器件两端的力矩不平衡导致立碑现象

下列情形均会导致回流焊时元件两边的润湿力不平衡。

（1）焊盘设计与布局不合理。如果焊盘设计与布局有以下缺陷，将会引起元器件两边的润湿力不平衡。

① 元器件的两边焊盘之一与地线相连接或有一侧焊盘面积过大焊盘两端热容量不均匀；

② PCB 表面各处的温差过大以致元器件焊盘两边吸热不均匀；

③ 大型元器件 QFP 和 BGA、散热器周围的小型片式元器件焊盘两端会出现温度不均匀。

解决办法： 改善焊盘设计与布局。

（2）焊锡膏与焊锡膏印刷。焊锡膏的活性不高或元器件的可焊性差，焊锡膏熔化后，表面张力不一样，将引起焊盘润湿力不平衡。两焊盘的焊锡膏印刷量不均匀，多的一边会因焊锡膏吸热量增多，熔化时间滞后，以致润湿力不平衡。

解决办法： 选用活性较高的焊锡膏，改善焊锡膏印刷参数，特别是模板的窗口尺寸。

（3）贴片。轴方向受力不均匀，会导致元器件浸入到焊锡膏中的深度不均匀，熔化时会因时间差而导致两边的润湿力不平衡。如果元器件贴片移位会直接导致立碑，如图 7-12 所示。

解决办法： 调节贴片机工艺参数。

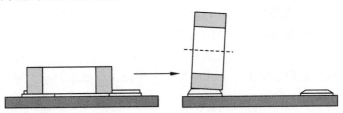

图 7-12　元器件偏离焊盘立碑

（4）炉温曲线。对 PCB 加热的工作温度曲线不正确，以致板面上温差过大，通常回流焊炉炉体过短和温区太少就会出现这些缺陷，有缺陷的工作曲线如图 7-13 所示。

解决办法： 根据每种不同产品调节好适当的温度曲线。

（5）N_2 回流焊中的氧浓度。采用保护回流焊会增加焊料的润湿力，但越来越多的报道说明，在氧含量过低的情况下发生立碑的现象反而增多；通常认为氧含量控制在 $(100 \sim 500) \times 10^{-6}$ 最为适宜。

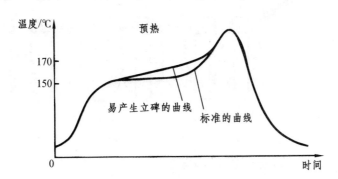

图 7-13　有缺陷的炉温工作曲线

5. 芯吸现象

芯吸现象又称抽芯现象，是常见焊接缺陷之一，多见于汽相回流焊中；芯吸现象是焊料脱离焊盘而沿引脚上行到引脚与芯片本体之间，通常会形成严重的虚焊现象，如图 7-14 所示。

产生的原因主要是由于元器件引脚的导热率大，故升温迅速，以致焊料优先润湿引脚，焊料与引脚之间的润湿力远大于焊料与焊盘之间的润湿力，此外引脚的上翘更会加剧芯吸现象的发生。

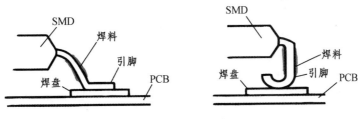

图 7-14　芯吸现象

解决办法：

（1）对于汽相回流焊应将 SMA 首先充分预热后再放入汽相炉中。

（2）应认真检查 PCB 焊盘的可焊性，可焊性不好的 PCB 不应用于生产。

（3）充分重视元器件的共面性，对共面性不良的元器件也不应用于生产。

在红外回流焊中，PCB 基材与焊料中的有机助焊剂是红外线良好的吸收介质，而引脚却能部分反射红外线，故相比而言焊料优先熔化，焊料与焊盘的润湿力就会大于焊料与引脚之间的润湿力，故焊料不会沿引脚上升，从而发生芯吸现象的概率就小得多。

6. 桥　连

桥连是 SMT 生产中常见的缺陷之一，它会引起元器件之间的短路，遇到桥连必须返修。桥连发生的过程如图 7-15 所示。

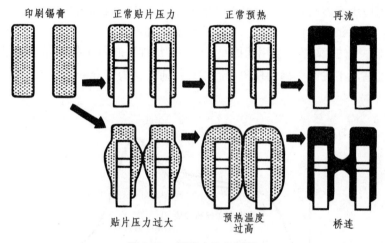

图 7-15　桥连产生的过程

引起桥连的原因很多，以下是主要的 4 种：

（1）焊锡膏质量问题。

①焊锡膏中金属含量偏高，特别是印刷时间过久后，易出现金属含量增高，导致 IC 引脚桥连。

②焊锡膏黏度低，预热后漫流到焊盘外。

③焊锡膏塌落度差，预热后漫流到焊盘外。

解决办法：调整焊锡膏配比或改用质量好的焊锡膏。

（2）印刷系统。

①印刷机重复精度差，对位不齐（钢板对位不好、PCB 对位不好），致使焊锡膏印刷到焊盘外，尤其是细间距 QFP 焊盘。

②模板窗口尺寸与厚度设计不对，以及 PCB 焊盘设计 Sn/Pb 合金锁层不均匀，导致焊锡膏量偏多。

解决方法：调整印刷机，改善 PCB 焊盘涂覆层。

（3）贴放。贴放压力过大，焊锡膏受压后漫流是生产中多见的原因。另外贴片精度不够元件出现移位、IC 引脚变形等。

（4）预热。回流焊炉升温速度过快，焊锡膏中溶剂来不及挥发。

解决方法： 调整贴片机轴高度及回流焊炉升温速度。

桥连也是波峰焊工艺中的缺陷，但以回流焊最为常见。

7. 元器件偏移

一般来说，元器件偏移量大于可焊端宽度的 50% 被认为是不可接受的，通常要求偏移量小于 25%。

产生原因：

（1）贴片机精度不够。

（2）元器件的尺寸容差不符合。

（3）焊锡膏黏性不足或元器件贴装时压力不足，传输过程中的振动引起 SMD 移动。

（4）助焊剂含量太高，回流焊时助焊剂沸腾，SMD 在液态焊料上移动。

（5）焊锡膏塌边引起偏移。

（6）锡锡膏超过使用期限，助焊剂变质。

（7）如元器件旋转，可能是程序的旋转角度设置错误。

（8）热风炉风量过大。

防止措施：

（1）校准定位坐标，注意元器件贴装的准确性。

（2）使用黏度大的焊膏，增加元器件贴装压力，增大黏结力。

（3）选用合适的锡膏，防止焊膏塌陷的出现。

（4）如果同样程度的元器件错位在每块板上都发现，则程序需要修改，如果在每块板上的错位不同，则可能是板的加工问题或位置错误。

（5）调整热风电动机转速。

7.3　回流焊与波峰焊均会出现的焊接缺陷

虽然回流焊工艺有"再流动"及"自定位效应"的特点，使回流焊工艺对贴装精度的要求比较宽松，容易实现焊接的高度自动化与高速度，已经成为 SMT 电路板组装技术的主流。而波峰焊（见图 7-16）是传统 THT 通孔元器件焊接的自动化设备，但在 SMT 产品的电源，功率放大混装电路板等产品中同样有广泛使用。

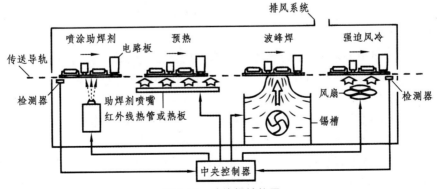

图 7-16　波峰焊结构图

回流焊与波峰焊在焊接过程中容易出现的共性问题如下。

1. 锡　珠

锡珠是回流焊常见的缺陷之一，在波峰焊中也时有发生，不仅影响到外观而且会引起桥接。锡珠可分为两类，一类出现在片式元器件一侧，常为一个独立的大球状，如图 7-17（a）所示。另一类出现在 IC 引脚四周，呈分散的小珠状。回流焊产生锡珠的原因有以下几方面。

（1）温度曲线不正确。回流焊曲线中预热、保温两个区段的目的，是为了使 PCB 表面温度在 60~90 s 内升到 150 ℃，并保温约 90 s，这不仅可以降低 PCB 及元器件的热冲击，更主要是确保焊锡膏的溶剂能部分挥发，避免回流焊时因溶剂太多引起飞溅，造成焊锡膏冲出焊盘而形成锡珠。

解决方法：注意升温速率，并采取适中的预热，使之有一个很好的平台使溶剂大部分挥发。升温速率及保温时间控制曲线如图 7-17（b）所示。

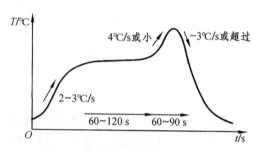

（a）锡珠照片　　　　　　　　　（b）升温速率及保温时间控制曲线

图 7-17　锡珠照片和升温速率及保温时间控制曲线

（2）焊锡膏的质量。

① 焊锡膏中金属含量通常在（90±0.5）%，金属含量过低会导致助焊剂成分过多，因此过多的助焊剂会因预热阶段不易挥发而引起飞珠。

② 焊锡膏中水蒸气和氧含量增加也会引起飞珠。由于焊锡膏通常冷藏，当从电冰箱中取出时，如果没有确保恢复时间，将会导致水蒸气进入；此外焊锡膏瓶的盖子每次使用后要盖紧，若没有及时盖严，也会导致水蒸气的进入。

放在模板上印制的焊锡膏在完工后，剩余的部分应另行处理，若再放回原来瓶中，会引起瓶中焊锡膏变质，也会产生锡珠。

解决方法：选择优质的焊锡膏，注意焊锡膏的保管与使用要求。

（3）印刷与贴片。

① 在焊锡膏的印刷工艺中，由于模板与焊盘对中会发生偏移，若偏移过大则会导致焊锡膏浸流到焊盘外，加热后容易出现锡珠。此外印刷工作环境不好也会导致锡珠的生成，理想的印刷环境温度为（25±3）℃，相对湿度为 50%~65%。

解决方法：仔细调整模板的装夹，防止松动现象。改善印刷工作环境。

② 贴片过程中，轴的压力也是引起锡珠的一项重要原因，往往不引起人们的注意，部分贴片机轴头是依据元器件的厚度来定位的，如轴高度调节不当，会引起元器件贴到 PCB 上的一瞬间将焊锡膏挤压到焊盘外的现象，这部分焊锡膏会在焊接时形成锡珠。这种情况下产生

的锡珠尺寸稍大，如图 7-18 所示。

解决方法：重新调节贴片机的轴高度。

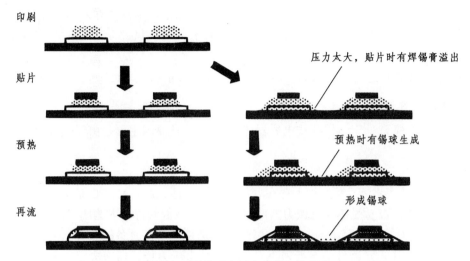

图 7-18　贴片压力过大容易产生锡珠

③ 模板的厚度与开口尺寸。模板厚度与开口尺寸过大，会导致焊锡膏用量增大，也会引起焊锡膏漫流到焊盘外，特别是用化学腐蚀方法制造的模板。

解决方法：选用适当厚度的模板和开口尺寸、开口形状的设计，一般模板开口面积为焊盘尺寸的 90%，7-19 所示为几种可以减少出现锡球概率的模板开口形状。

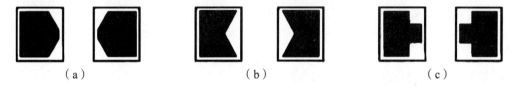

（a）　　　　　　　　　　（b）　　　　　　　　　　（c）

图 7-19　模板开口形状

波峰焊中出现锡球，主要原因有两方面：第一，由于焊接时印制板上通孔附近的水分受热而变成蒸汽，如果孔壁金属锁层较薄或有空隙，水汽就会通过孔壁排除，若孔内有焊料，当焊料凝固时水汽就会在焊料内产生空隙（针眼），或挤出焊料在印制电路板正面产生锡球。第二，波峰焊接中一些工艺参数设置不当。如果助焊剂涂覆量增加或预热温度设置过低，就可能影响焊剂内组成成分的蒸发，在印制电路板进入波峰时，多余的焊剂受高温蒸发，将焊料从锡槽中溅出来，在印制电路板面上产生不规则的焊料球。

针对上述两方面原因，可以采取以下相应的解决措施：第一，通孔内适当厚度的金属锁层是很关键的，孔壁上的铜锁层最小应为 25 μm，而且插装后无空隙。第二，使用喷雾或发泡式涂覆助焊剂。发泡方式中，在调节助焊剂的空气含量时，应保持尽可能产生最小的气泡。第三，波峰焊机预热区温度的设置应使印制电路板顶面的温度至少达到 100 ℃。适当的预热温度不仅可消除焊料球，而且避免印制电路板受到热冲击而变形。

2. SMA 焊接后 PCB 基板上起泡

SMA 焊接后出现指甲大小的泡状物，主要原因也是 PCB 基材内部夹带了水汽，特别是多层板的加工，它是由多层环氧树脂半固化片预成型再热压后而成，若环氧树脂半固化片存放期过短，树脂含量不够，预烘干去除水汽去除不干净，则热压成型后很容易夹带水汽，或因半固片本身含胶量不够，层与层之间的结合力不够，而留下起泡的内在原因。此外，PCB 购进后，因存放期过长，存放环境潮湿，贴片生产前没有及时预烘，以致受潮的 PCB 贴片后出现起泡现象。

解决办法：PCB 购进后应验收后方能入库；PCB 贴片前应在（125±5）℃温度下预烘 4 h。

3. 片式元器件开裂

片式元器件开裂常见于多层片式电容器（MLCC），其原因主要是由于热应力与机械应力的作用。

（1）产生原因。

① 对千 MLCC 类电容，其结构上存在着很大的脆弱性，通常 MLCC 是由多层陶瓷电容叠加而成，故强度低，极易受热与机械力的冲击，特别是在波峰焊中尤为明显。

② 贴片过程中，贴片机轴吸放高度的影响，特别是一些不具备轴软着陆功能的贴片机，由于吸放高度是由片式元器件的厚度来决定，而不是由压力传感器来决定，因此会因为元器件厚度公差而造成开裂。

③ PCB 的曲翘应力，特别焊接后曲翘应力很容易造成元器件的开裂。

④ 拼板的 PCB 在分割时，如果操作不当也会损坏元器件。

（2）解决办法。

① 认真调节焊接工艺曲线，特别是预热区温度不能过低。

② 贴片中应认真调节贴片机轴的吸放高度。

③ 注意拼板分割时的割刀形状；检查 PCB 的曲翘度，尤其是焊接后的曲翘度应进行针对性校正。

④ 如是 PCB 板材质量问题，则需考虑更换。

4. 焊点不光亮/残留物多

通常焊锡膏中氧含量多时会出现焊点不光亮现象；有时焊接温度不到位（峰值温度不到位）也会出现不光亮现象。

SMA 出炉后，未能强制风冷也会出现不光亮和残留物多的现象。焊点不光亮还与焊锡膏中金属含量低有关，介质不容易挥发，颜色深，也会出现残留物过多的现象。

对焊点的光亮度有不同的理解，多数人欢迎焊点光亮，但现在有些人认为光亮反而不利于目测检查，故有的焊锡膏中会使用消光剂。

5. PCB 扭曲

PCB 扭曲是 SMT 大生产中经常出现的问题，它会对装配以及测试带来相当大的影响，因此在生产中应尽量避免这个问题的出现。

（1）产生原因。

① PCB 本身原材料选用不当，如 PCBTg 低，特别是纸基 PCB，如果加工温度过高，PCB 就容易变得弯曲。

② PCB 设计不合理，元器件分布不均会造成 PCB 热应力过大，外形较大的连接器和插座

也会影响 PCB 的膨胀和收缩，以致出现永久性的扭曲。

③ PCB 设计问题。例如双面 PCB，若一面的铜销保留过大（如大面积地线），而另一面铜销过少，也会造成两面收缩不均匀而出现变形。

④ 夹具使用不当或夹具距离太小。例如波峰焊中，PCB 因焊接温度的影响而膨胀，由于指爪夹持太紧没有足够的膨胀空间而出现变形。其他如 PCB 太宽，PCB 预加热不均，预热温度过高，波峰焊时锡锅温度过高，传送速度慢等也会引起 PCB 扭曲。

（2）解决办法。

① 在价格和利润空间允许的情况下，选用 Tg 高的 PCB 或增加 PCB 厚度；

② 合理设计 PCB，以取得最佳长宽比；双面的铜箔面积应均衡，在没有电路的地方布满铜层，并以网格形式出现，以增加 PCB 的刚度；

③ 在贴片前对 PCB 预烘，其条件是 125 ℃ 温度下预烘 4 h；

④ 调整夹具或夹持距离，以保证 PCB 受热膨胀的空间；焊接工艺温度尽可能调低。已经出现轻度的扭曲，可以放在定位夹具中升温复位，以释放应力，一般会取得满意的效果。

6. IC 引脚焊接后开路或虚焊

IC 引脚焊接后出现部分引脚虚焊，是常见的焊接缺陷。

（1）产生原因。

① 共面性差，特别是 FQFP 元器件，由于保管不当而造成引脚变形，如果贴片机没有检查共面性的功能，有时不易被发现。因共面性差而产生开路/虚焊的过程如图 7-20 所示。

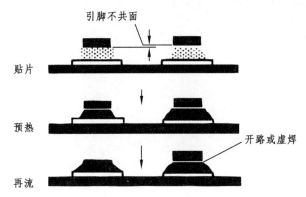

图 7-20 共面性差元器件虚焊

② 引脚可焊性不好，IC 存放时间长，引脚发黄，可焊性不好是引起虚焊的主要原因。

③ 焊锡膏质量差，金属含量低，可焊性差，通常用于 FQFP 元器件焊接的焊锡膏，金属含量应不低于 90%。

④ 预热温度过高，易引起 IC 引脚氧化，使可焊性变差。

⑤ 印刷模板窗口尺寸小，以致焊锡膏量不够。

（2）解决办法。

① 注意元器件的保管，不要随便拿取元器件或打开包装。

② 生产中应检查元器件的可焊性，特别注意 IC 存放期不应过长（自制造日期起一年内），保管时应不受高温、高湿。

③ 仔细检查模板窗口尺寸，注意与 PCB 焊盘尺寸相配套，更换不合格的模板。

7. 焊接后印制板阻焊膜起泡

SMA 在焊接后会在个别焊点周围出现浅绿色的小泡，严重时还会出现指甲盖大小的泡状物，不仅影响外观质量，严重时还会影响性能。

（1）产生原因。

阻焊膜起泡的根本原因在于阻焊膜与 PCB 基材之间存在气体或水蒸气，这些微扯的气体或水蒸气会在不同工艺过程中夹带到其中，当遇到焊接高温时，气体膨胀而导致阻焊膜与 PCB 基材的分层，焊接时，焊盘温度相对较高，故气泡首先出现在焊盘周围。

下列原因之一，均会导致 PCB 夹带水汽：

① PCB 在加工过程中经常需要清洗、干燥后再做下道工序，一般腐刻完成应干燥后再贴阻焊膜，若此时干燥温度不够，就会夹带水汽进入下道工序，在焊接时遇高温而出现气泡。

② PCB 加工前存放环境不好，湿度过高，焊接时又没有及时干燥处理。

③ 在波峰焊工艺中，现在经常使用含水的助焊剂，若 PCB 预热温度不够，助焊剂中的水汽会沿通孔的孔壁进入到 PCB 基材的内部，其焊盘周围首先进入水汽，遇到焊接高温后就会产生气泡。

（2）解决办法。

① 严格控制各个生产环节，购进的 PCB 应检验后入库，通常 PCB260 ℃ 温度下 10 s 内不应出现起泡现象。

② PCB 应存放在通风干燥环境中，存放期不超过 6 个月。

③ PCB 在焊接前应放在烘箱中（预烘 4 h）。

电子产品焊接后的清洗效果，直接影响到产品的可靠性、电气指标和工作寿命。因此印制电路板的清洗方法，日益受到电子设备生产企业的重视，成为电子装联中保证可靠性的一道重要工序。为了正确选择清洗材料以及确定清洗工艺和清洗设备，必须对影响清洗的各种因素、污染物类型和有关清洗理论有全面的了解。

8.1　清洗技术的作用与分类

清洗是一种去污染的工艺。印制电路板在焊接以后，其表面或多或少会留有各种残留污物。为防止由于腐蚀而引起的电路失效，必须通过清洗去除残留污物。SMA（表面组装组件）的清洗就是要去除组装后残留在 SMA 上影响其可靠性的污染物。组装焊接后清洗 SMA 的主要作用是：

（1）防止电气缺陷的产生。最突出的电气缺陷就是漏电，造成这种缺陷的主要原因是 PCB 上存在离子污染物，有机残料和其他黏附物。

（2）清除腐蚀物的危害。腐蚀会损坏电路，造成元器件脆化；腐蚀物本身在潮湿的环境中能导电，会引起 SMA 短路故障。以上这两种作用主要是排除影响 SMA 长期可靠性的因素。

（3）SMA 外观清晰。清洗后的 SMA 外观清晰，能使热损伤、层裂等一些缺陷显露出来，便于进行检测和排除故障。

除非采用免洗工艺技术，SMA 组装后都有清洗的必要，特别是军事电子装备和空中使用电子设备（一类电子产品）等高可靠性要求的 SMA，以及通信、计算机等耐用电子产品（二类电子产品）的 SMA，组装后都必须进行清洗。家用电器等消费类产品（三类电子产品）和某些使用免洗工艺技术进行组装的二类电子产品可以不清洗。一般来说，在电路组件的制造过程中，从 PCB 上电路图形的形成直到电子元器件的组装，不可避免地要经过多次清洗。特别是随着组装密度的提高，控制 SMA 的洗净度就更加显得重要了。焊接后 SMA 的洗净度等级关系到组件的长期可靠性，所以清洗是 SMT 中的重要工艺。

8.2　清洗溶剂的特点

清除极性和非极性残留污物，要使用清洗溶剂。清洗溶剂分为极性和非极性溶剂两大类：极性溶剂包括有酒精、水等，可以用来清除极性残留污物；非极性溶剂包括有氯化物和氟化物两种，如三氯乙烷、F-113 等，可以用来清除非极性残留污物。由于大多数残留污物是非极性和极性物质的混合物，所以，实际应用中通常使用非极性和极性溶剂混合后的溶剂进行清洗，混合溶剂由两种或多种溶剂组成。

现在广泛应用的清洗剂是以 CFC-113（三氟三氯乙烷）和甲基氯仿为主体的两大类清洗

剂。但他们对大气臭氧层有破坏作用，现已开发出 CFC 的替代产品。半水清洗替代技术中使用的半水洗溶剂，如：BIOACT EC-7、Marc lean R 等被认为是最有希望的替代材料，而另一种替代材料 HCFC（含氢氟氯）如 9434、2010、2004 都具有一定毒性。

一般说来，一种性能良好的清洗剂应当具有以下特点：

① 脱脂效率高，对油脂、松香及其他树脂有较强的溶解能力。

② 表面张力小，具有较好的润湿性。

③ 对金属材料不腐蚀，对高分子材料不溶解、不溶胀，不会损害元器件和标记。

④ 易挥发，在室温下即能从印制板上除去。

⑤ 不燃、不爆、低毒性，利于安全操作，也不会对人体造成危害。

⑥ 残留量低，清洗剂本身也不污染印制板。

⑦ 稳定性好，在清洗过程中不会发生化学或物理作用，并具有储存稳定性。

选择溶剂，除了应该考虑与残留污物类型相匹配以外，还要考虑一些其他因素：去污能力、性能、与设备和元器件的兼容性、经济性和环保要求。

8.3　批量式溶剂清洗技术

溶剂清洗设备可分为连续式清洗器和批量式清洗器两大类，每一类清洗器中都能加入超声波冲击或高压喷射清洗功能。

这两类清洗设备的清洗原理是相同的，都采用冷凝—蒸发的原理清除残留污物。主要步骤是：将溶剂加热使其产生蒸汽，将较冷的被清洗电路板置于溶剂蒸汽中，溶剂蒸汽冷凝在电路板上，溶解残留污物，然后，将被溶解的残留污物蒸发掉，被清洗电路板冷却后再置于溶剂蒸汽中。循环上述过程数次，直到把残留污物完全清除。

批量式清洗器适用于小批量生产的场合，如在实验室中应用。它的操作是半自动的，溶剂蒸汽会有少量外泄，对环境有影响。

批量式溶剂清洗适用于小批量生产的场合，如在实验室中应用。批量式清洗设备的操作是半自动的，溶剂蒸汽会有少量外泄，对环境有影响。

批量式溶剂清洗技术普遍应用于 SMA 清洗，其清洗系统有许多类型。最基本的有 4 种：环形批量式系统、偏置批量式系统、双槽批量式系统和三槽批量式系统，图 8-1 所示是双槽批量式系统的示意图。这些溶剂清洗系统都采用溶剂蒸汽清洗技术，所以也称为蒸汽脱脂机。它们都设置了溶剂蒸馏部分，并按下述工序完成蒸馏周期：

（1）采用电浸没式加热器使煮沸槽产生溶剂蒸汽。

（2）溶剂蒸汽上升到主冷凝蛇形管处，冷凝成液体。

（3）蒸馏的溶剂通过管道流进溶剂水分离器，去除水分。

（4）去除水分的蒸馏溶剂通过管道流入蒸馏储存器，从该储存器用泵送至喷枪进行喷淋。

（5）流通管道和挡墙使溶剂流回到煮沸槽，以便再煮沸。

另一类批量式系统采用电转换加热器蒸发溶剂，用冷却水凝聚溶剂，该类系统也可利用可调加热制冷系统完成同样的过程。

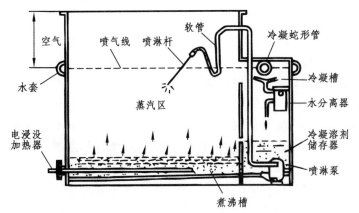

图 8-1　双槽批量式清洗机示意图

8.4　连续式溶剂清洗技术

连续式清洗设备用于大批量生产的场合。它的操作是全自动的，具有全封闭的溶剂蒸发系统，能够做到溶剂蒸汽不外泄。连续式清洗机特别适用于表面安装电路板的清洗。

连续式清洗设备用于大批量生产的场合。它的操作是全自动的，它有全封闭的溶剂蒸发系统，能够做到溶剂蒸汽不外泄。连续式清洗机可以加入高压倾斜喷射和扇形喷射的机械去污方法，特别适用于表面组装组件（SMA）的清洗。

连续式清洗机一般由一个很长的蒸汽室组成，内部又分成几个小蒸汽室，以适应溶剂的阶式布置、溶剂煮沸、喷淋和溶剂储存，有时还把组件浸没在煮沸的溶剂中。通常，把组件放在连续式传送带上，根据 SMA 的类型，以不同的速度运行，水平通过蒸汽室。溶剂蒸馏和凝聚周期都在机内进行，清洗程序、清洗原理与批量式清洗类似，只是清洗程序是在连续式的结构中进行的。连续式溶剂清洗技术适用范围广泛，对量小或量大 SMA 清洗都适用，其清洗效率高。采用连续式清洗技术清洗 SMA 的关键是选择满意的溶剂和最佳的清洗周期。清洗周期由连续清洗的不同设计决定。图 8-2 是一种连续式溶剂清洗机。

图 8-2　连续式溶剂清洗机

连续式清洗机按清洗周期可分为以下三种类型：

（1）蒸汽—喷淋—蒸汽周期。这是在连续式溶剂清洗机中最普遍采用的清洗周期，组件先进入蒸汽区，然后进入喷淋区，最后通过蒸汽区排除溶剂送出。在喷淋区从底部和顶部进行上下喷淋。不论采用哪一种清洗周期，通常在两个工序之间都对组件进行喷淋。开始和最终的喷淋在倾斜面上进行，以利于提高 SMD 下面溶剂流动的速度。随着高压喷淋的采用，这种清洗周期取得了很大的改进，提高了喷淋速度。典型的喷淋压力范围为 4 116～13 720 Pa，这种类型的清洗机常采用扁平、窄扇形和宽扇形等喷嘴相结合，并辅以高压、喷射角度控制等措施进行喷淋。

（2）喷淋—浸没煮沸—喷淋周期。采用这类清洗周期的连续式溶剂清洗机主要用于难清洗的 SMA。要清洗的组件先进行倾斜喷淋，然后浸没在煮沸的溶剂中，最终再倾斜喷淋，最后排除溶剂。

（3）喷淋—带喷淋的浸没煮沸—喷淋周期。采用这类清洗周期的清洗机，只是在煮沸溶剂上面附加了溶剂喷淋。有的还在浸没煮沸溶剂中设置喷嘴，以形成溶剂湍流。这些都是为了进一步强化清洗作用。这类清洗机，在煮沸浸没系统的溶剂液面降低到传送带以下时，清洗周期就变成蒸汽—喷淋—蒸汽周期。

8.5　水清洗工艺技术

水是一种成本较低且对多种残留污物都有一定清洗效果的溶剂。水对大多数颗粒性、非极性和极性残留污物都有较好的清洗效果，但对硅脂、树脂和纤维玻璃碎片等电路板焊接后产生的不溶于水的残留污物没有效果。在水中加入碱性化学物质，如肥皂或胺等表面活性剂，可以改善清洗效果，除去水中的金属离子，将水软化，能够提高这些添加剂的效果并防止水垢堵塞清洗设备。因此，清洗设备中一般使用软化水。水清洗技术是替代 CFC 清洗 SMA 的有效途径。

水是一种成本较低且对多种残留污物都有一定清洗效果的溶剂，特别是在目前环保要求越来越高的情况下，有时只能使用水溶液进行清洗。水对大多数颗粒性、非极性和极性残留污物都有较好的清洗效果，但对硅脂、树脂和纤维玻璃碎片等印制电路板焊接后产生的不溶于水的残留污物没有效果。在水中加入碱性化学物质。如肥皂或胺等表面活性剂，可以改善清洗效果。除去水中的金属离子，将水软化，能够提高这些添加剂的效果并防止水垢堵塞清洗设备。因此，清洗设备中一般使用软化水。水清洗技术是替代 CFC 清洗 SMA 的有效途径。

1. 水清洗特点

水清洗技术可分为以下两大类：

（1）在纯水中加入皂化剂、表面活性剂的水基清洗方式，可以对松香焊剂、油污、离子污染等进行清洗。

（2）使用纯水对水溶性焊料、焊剂进行清洗的纯水清洗。其清洗特点有以下几点：

① 安全性好。

② 配方组成自由度大，清洗范围广，对极性和非极性污染物都有良好的清洗效果。

③ 价格低，原料易得。

④ 配合使用超声波的情况下，洗涤效果更好。

2. 水清洗工艺设备

水清洗工艺设备主要由制纯水、清洗、废水处理 3 类设备组成。水清洗设备分为以下 3 类：

（1）批次式水清洗设备。在一个清洗室内完成清洗、漂洗、干燥等步骤，适合中小批量和多品种、小批量生产使用。

（2）多槽式清洗设备。一般有一个槽，分别完成清洗、漂洗、吹干的步骤，并设有附加干燥箱完成最终干燥任务，可以手工操作或机械传送。

（3）在线式多槽清洗机。PCB 由可调速大网隙传送带输送，整个机器内部一般有 4 个洗涤区域，两道风刀和热风干燥区域组成，并具有水加热功能，分别完成预洗、漂洗、切风、干燥的过程。在线式多槽清洗机可以与前面的波峰焊、回流焊组成线上清洗，也可作为独立单元对经过手工补焊的印制板进行清洗。

3. 对清洗用水的要求

由于电子设备对离子污染非常敏感，所以对清洗用水的要求非常高。具体要求是：

（1）预洗和清洗可用软化水，或使用软化水配制成清洗液。

（2）漂洗应用去离子水。

（3）去离子水的等级应按照产品的要求来选择；一般情况下可用电阻率为 50 ~ 100 kΩ 纯水，对质量性能要求较高和表面涂敷的产品应选用 18 MΩ 的纯水。制纯水设备以自来水为原料，一般包括粗滤、细滤、去离子装置，去离子装置又分为电渗析、离子交换树脂、反渗透 3 种方法，具体使用要根据进水水质和用户要求的出水电阻率水平来设计方案。清洗废水如果达不到国家的排放标准，必须经过污水处理达标后才能进行排放。污水处理设备应根据污水的污染物组成进行设计，一般都包含以下功能：过滤或沉淀颗粒物、去除油性污染、化学法沉淀金属离子、中和等。由于使用水为清洗主要材料，所以在使用中必须注意以下几点：

① 水质要保证达标，不能在清洗过程中因水质问题而引入新的污染。

② 干燥要充分，否则对以后的保存、防护涂覆都有影响。

③ 针对焊剂、焊料不同，可选用皂化水洗、纯水洗。

④ 由于水洗不如溶剂清洗的宽容度高，因此，对工艺控制相应要求较严格，如水温、压力、走带速度、皂化剂含量等应综合考虑。同时，清洗效果与印制板的装联密度也有一定的相关性。

4. 水清洗工艺流程

图 8-3 所示为常用的两种类型水清洗技术工艺流程。一种是采用皂化剂的水溶液，在 60 ~ 70 °C 的温度下，皂化剂和松香型助焊剂剩余物反应，形成可溶于水的脂肪酸盐（皂），然后用连续的水漂洗去除皂化反应产物。另一种是不采用皂化剂的水清洗工艺，用于清洗采用非松香型水溶性助焊剂焊接的 PCB 组件。采用这种工艺时，常加入适当中和剂，以便更有效地去除可溶千水的助焊剂剩余物和其他污染物。

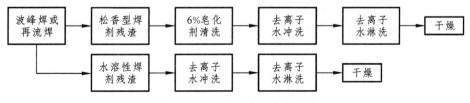

图 8-3　水清洗技术工艺流程图

对于大批量电路组件的水清洗，可采用如图 8-4 所示的连续式水洗系统。对于结构复杂的电路组件，可采用更为完善的水洗系统进行水洗。在这种工艺流程的水洗系统中，其基本结构与简单水洗系统相同，也是由预冲洗、冲洗、漂洗、最终漂洗和干燥等分组成。但是，为了对 SMA 进行成功的水清洗，增加了强力冲洗和漂洗。另外，还采用了闭环水流系统，实现了水的循环处理和再使用，比普通水洗系统节省了水，节省热能 60% ~ 70%。该类水洗系统有的还设计了进水处理器，它不仅用来处理新水，而且还可以对来自预冲洗槽的水进行再处理和再使用。进水处理包括水的软化和去离子，通过这种处理去除来自水系统和预冲洗槽水中的离子污染物，其中包括钙和镁离子。这些离子污染物沉积到 SMA 上，不仅有腐蚀性，而且会造成电气故障。这种水洗系统在冲洗和漂洗之间采用了化学隔离或脱水工序，以防止冲洗工序中污染了的水被带入漂洗槽，影响漂洗效果。

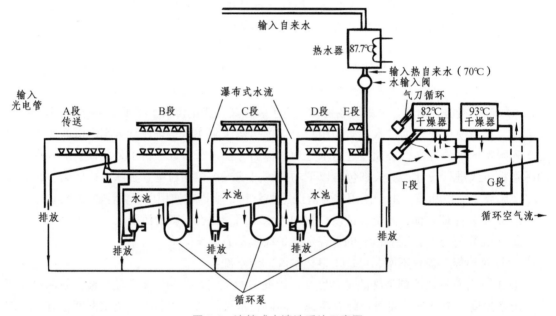

图 8-4　连续式水清洗系统示意图

水洗系统有 3 个十分重要的辅助部分。第 1 个是一个非常纯净的水源，这是成功地进行水洗的充分条件。第 2 个是水加热系统，一般要求清洗用水的温度是 54 ~ 74 ℃。第 3 个是公用水处理。

8.6　超声波清洗

应用超声波清洗是一种洗净效果好，价格经济，有利于环保的清洗工艺。超声波清洗机可以应用于清洗各式各样体形大小，形状复杂，清洁度要求高的许多工件，特别是 SMA 的焊后清洗（见图 8-5）。

适用于 SMA 焊后清洗技术的方式还有超声清洗和离心清洗，这两种清洗技术在替代 CFC 的清洗方法中可适用于多种溶剂，并能显著地提高清洗效果。

图 8-5　SMA 的焊后清洗

1. 超声波清洗的特点

超声波清洗与其他清洗相比具有洗净率高、残留物少，清洗时间短，清洗效果好，凡是能被液体浸到的被清洗件，超声对它都有清洗作用。超声波清洗不受清洗件表面形状限制，例如深孔、狭缝、凹槽，都能得到清洗。由于超声波发生器采用类工作放大，换能器的电声效率高，因此超清洗高效节能。它是一种真正高速、高质量、易实现自动化的清洗技术。若清洗剂采用非 ODS 清洗剂则具有绿色环保意义及作用。超声清洗对玻璃、金属等反射强的物体其清洗效果好，而不适宜纺织品、多孔泡沫塑料、橡胶制品等声吸收强的材料。

在生产实践中，还具有以下优点：

（1）不损坏被清洗物表面。

（2）减少了人手与溶剂的接触机会，提高工作安全度。

（3）可以清洗其他方法达不到的部位，例如，可清洗不便拆开的配件的缝隙处。

（4）节省溶剂、热能、工作面积、人力等。

2. 超声波清洗原理

超声波清洗的基本原理是"空化效应"，用高于 20 kHz 的高频超声波通过换能器转换成高频机械振荡传入清洗液中，超声波在清洗液中疏密相间地向前辐射，使清洗液流动并产生数以万计的微小气泡。如果对液体中某一确定点进行观察，该点的压力如图 8-6 曲线所示。以静压（一般一个大气压）为中心，产生压力的增减，若依次增强超声波的强度，则压力振幅也随之增加，如图 8-6 曲线所示。当声压达到一定值时，气泡将迅猛增长，然后又突然闭合（熄灭），在气泡闭合时，由于液体间相互碰撞产生强大的冲击波，在其周围产生上千个大气压的瞬时高压，就像一连串的小"爆炸"，不断地轰击被清洗物表面，并可对被清洗物的细孔、凹位或其他隐蔽处进行轰击，使被清洗物表面及缝隙中的污染物迅速剥落。

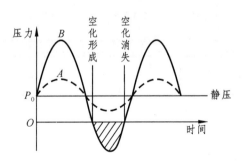

图 8-6　清洗槽内某一点的压力曲线

清洗微小气泡的形成、生长及迅速闭合称为空化现象。超声清洗主要利用了空化作用的冲击波，其清洗过程由下列 4 个因素共同作用。

（1）气泡破灭时产生强大的冲击波，污垢层在冲击波的作用下被剥离下来，分散并脱落。

（2）因空化现象产生的气泡向污垢层与表面之间的间隙和空隙渗透，由于这种小气泡与声压同步膨胀，收缩，产生像剥皮那样的物理力重复作用于污垢层，污垢一层层被剥开，小气泡再继续向前推进，直到污垢层被剥下为止，称为空化二次效应，如图 8-7 所示。

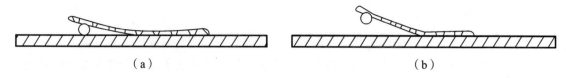

（a）　　　　　　　　　　　　　　　　　　　（b）

图 8-7　气泡去污作用

（3）超声清洗中清洗液的超声振动本身对清洗的作用力。超声波在清洗液中传播时，它将引起质点的振动，使清洗物表面的污垢层每秒将遭到上万次的激烈冲击。

（4）清洗剂溶解污垢，产生乳化分散的化学力。

3. 超声波清洗设备

超声波清洗机的结构一般有超声电源和清洗器合为一体或分体式两种形式，一般小功率（200 W 以下）清洗机采用一体式结构，而大功率清洗机采用分体式结构。分体式结构超声波清洗机由 3 个主要部分组成：

（1）清洗缸。

（2）超声波发生器。超声波清洗机用的超声波发生器，大多数采用大功率自激式反馈振荡器。一般来说，由于清洗负载变动较小，可以不要求复杂的频率自动跟踪电路。

（3）超声波换能器。目前大多数超声波清洗机用的是压电式换能器，一般由两片压电陶瓷晶片组成。一台清洗机用多个换能器，经黏结剂黏结在清洗缸底部且经并联组成一台清洗机的换能器。换能器单元的间距，对于频率 20 kHz 的超声波一般在 8～10 mm 为最佳。

大型专用超声波清洗机一般安装在 SMA 清洗的生产流水线上，被清洗物件从进料口可传动的不锈钢专用网带送入超声波清洗槽，其工艺过程为：进料—前喷淋—超声波清洗—后喷淋—风刀吹劈—热风烘干—冷风冷却—出料，实现被清洗物件可直接包装入库。图 8-8 所示是全自动超声波清洗机的结构图。

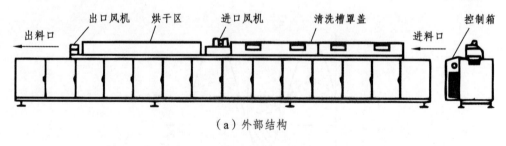

（a）外部结构

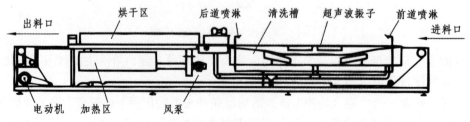

（b）内部结构

图 8-8　全自动超声波清洗机

SMT 检测工艺内容包括组装前来料检测、组装工艺过程检测（工序检测）和组装后的组件检测 3 大类，检测项目与过程如图 9-1 所示。

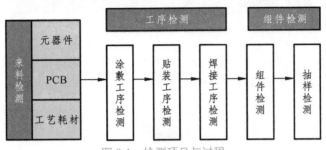

图 9-1　检测项目与过程

检测方法主要有目视检验（简称目检）、自动光学检测（AOI）、自动 X 射线检测（X-Ray 或 AXI）、超声波检测、在线检测（ICT）和功能检测（FCT）等。

具体采用哪一种方法，应根据 SMT 生产线的具体条件以及表面组装组件的组装密度而定。

9.1　检测工艺

1. 来料检测

来料检测是保障 SMA 电路板组件可靠性的重要环节，它不仅是保证 SMT 组装工艺质量的基础，也是保证 SMA 产品可靠性的基础，因为有合格的原材料才可能有合格的产品。来料检测包括元器件和 PCB 的检测，焊锡膏、助焊剂等所有 SMT 组装工艺材料的检测。

（1）PCB 的质量检测包括：PCB 尺寸测量，外观缺陷检测和破坏性检测，应根据生产实际确定检测项目，其中应特别注意 PCB 的边缘尺寸是否符合漏印的边对准精度要求；阻焊膜是否流到焊盘上；阻焊膜与焊盘的对准如何（见图 9-2）。还要注意焊盘图形尺寸是否符合要求。

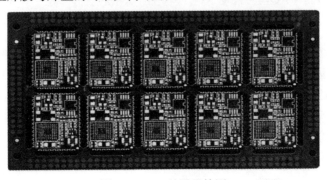

图 9-2　PCB 的质量检测

（2）元器件的检测：引线共面性、可焊性（见图9-3）。

图 9-3　元器件的检测

（3）焊锡膏检测：焊锡膏的金属百分比、黏度、粉末氧化均量，焊锡的金属污染量，助焊剂的活性、浓度，黏结剂的黏性等（见图9-4）。

图 9-4　焊锡膏的检测

2. SMT 工序检测

SMT 工序检测主要包括焊锡膏印刷工序、元器件贴装工序、焊接工序等工艺过程的检测。

9.2　检测方法

目前，生产厂家在批量生产过程中检测 SMT 印制电路板的焊接质量时，广泛使用人工目视检验、自动光学检测（AOI）、自动 X 射线检测（X-Ray）等方法。

1. 目视检测

SMT 电路的小型化和高密度化，使检验的工作量越来越大，依靠人工目视检验的难度越来越高，判断标准也不能完全一致。目前，生产厂家在大批量生产过程中检测 SMT 印制电路板的焊接质量，广泛使用自动光学检测（Automated Optical Inspection，AOI）或自动 X 射线检测（X-Ray）。自动光学检测（AOI）主要用于工序检验，包括焊膏印刷质量、贴装质量以及回流焊炉后质量检验。

2. AOI 自动光学检测

AOI（自动光学检测）可泛指自动光学检测技术或自动光学检查设备。AOI 设备一般可分为在线式（在生产线中）和桌面式两大类。

① 根据在生产线上的位置不同，AOI 设备通常可分为 3 种。

a. 放在焊锡膏印刷之后的 AOI。将 AOI 系统放在焊锡膏印刷机后面，可以用来检测焊锡膏印刷的形状、面积以及焊锡膏的厚度。

b. 放在贴片机后的 AOI。把 AOI 系统放在高速贴片机之后，可以发现元器件的贴装缺漏、种类错误、外形损伤、极性方向错误，包括引脚（焊端）与焊盘上焊锡膏的相对位置。

c. 放在回流焊后的 AOI。将 AOI 系统放在回流焊之后，可以检查焊接品质，发现有缺陷的焊点。

图 9-5 是 AOI 在生产线中不同位置的检测示意图。显然，在上述每一个工位上都设置 AOI 是不现实的，AOI 最常见的位置是在回流焊之后。

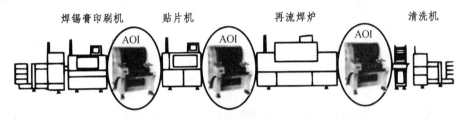

图 9-5　AOI 在生产线中不同位置检测示意图

② 根据摄像机位置的不同，AOI 设备可分为纯粹垂直式相机和倾斜式相机的 AOI。

③ 根据 AOI 使用光源情况的不同可分为两种：

a. 使用彩色镜头的机器，光源一般使用红、绿、蓝三色，计算机处理的是色比。

b. 使用黑白镜头的机器，光源一般使用单色，计算机处理的是灰度比。

（1）AOI 的工作原理。

AOI 的工作原理与贴片机、焊锡膏印刷机所用的光学视觉系统的原理相同，基本有设计规则检测（DRC）和图形识别两种方法。

AOI 通过光源对 PCB 板进行照射，用光学镜头将 PCB 的反射光采集进计算机，通过计算机软件对包含 PCB 信息的色彩差异或灰度比进行分析处理，从而判断 PCB 上焊锡膏印刷、元器件放置、焊点焊接质量等情况，可以完成的检查项目一般包括元器件缺漏检查、元器件识别、SMD 方向检查、焊点检查、引线检查、反接检查等。在记录缺陷类型和特征的同时通过显示器把缺陷显示或标示出来，向操作者发出信号，或者触发执行机构自动取下不良部件送回返修系统。AOI 系统还能对缺陷进行分析和统计，为调整制造过程的工艺参数提供依据。

图 9-6 所示为 AOI 的工作原理。现在的 AOI 系统采用了高级的视觉系统、新型的给光方式、高放大倍数和复杂的算法，从而能够以高测试速度获得高缺陷捕捉率。

（2）明富 MF-760VT 型自动光学检测仪。

目前 AOI 设备的主流品牌有 OMRON（欧姆龙）、Agilent（安捷伦）、Teradyne（泰瑞达）、MVP（安维普）、TRI（德律）、JVC、Sony（索尼）、Panasonic（松下）等。

AOI 设备一般由照明单元、伺服驱动单元、图像获取单元、图像分析单元、设备接口单元等组成。国产明富 MF-760VT 型自动光学检测仪的技术特点如下。

① 照明系统：彩色环形四色 LED 光源。

② 自主研发的图像算法，检出率高。

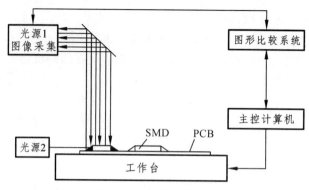

图 9-6　AOI 的工作原理

③ CAD 数据导入自动寻找与元件库匹配的元器件数据。

④ 智能高清晰数字 CCD 相机，图像质量稳定可靠。

⑤ 检测速度满足 1.5 条高速贴片线的需求。

⑥ 细小间距 0201 的检测能力，对应 01005 的升级方案。

软件系统：操作系统 Windows2000，中、英文可选界面。

基板尺寸：20 mm×20 mm ~ 300 mm×400 mm，基板上下净高：上方 30 mm；下方 40 mm。

XIY 分辨率 1 μm，定位精度 8 μm，移动速度 700 mm/s（max）。轨道调整：手动/自动。

检测方法：彩色运算、颜色抽取、灰阶运算、图像比对等。检测结果输出：基板 ID、基板与元器件名称、缺陷名称、缺陷图片等。

MF-760VT 型自动光学检测仪适用 PCB 回流焊制程的检测，检查项目：再流炉后缺件、错件、坏件、锡球、偏移、侧立、立碑、反贴、极反、桥连、虚焊、无焊锡、少焊锡、多焊锡、元器件浮起、IC 引脚浮起、IC 引脚弯曲；再流炉前缺件、多件、错件、坏件、偏移、侧立、反贴、极反、桥连、异物。

（3）AOI 的操作模式。

① 自动模式，提供自动检测，也就是所有检测动作都是由系统本身完成的，不需要任何人为干预。这个模式通常用在高产量的生产线上。它是一种无停止的检测模式，当出现 NG（缺陷）时也不能进行编辑。

② 排错模式，与自动模式基本一样，只是它允许用户在检测到 NG 元器件时可以人工判断及编辑。

③ 监视模式，它允许检测出缺陷时停止检测，提供用户更多的关于 NG 元器件的信息。

④ 人工模式，完全由用户进行每一步操作（如进板、扫描、检测、退板等）。

⑤ 通过模式，在这种模式下 PCB 板不进行检测，只进板、出板。它特别适用于某些不需要作光学检查的 PCB 板。

每一个操作都是由人工模式开始，人工模式结束。即所有的操作都是在人工模式下从数据库中打开一个文件。然后用户可以根据检测要求（如：重新扫描、重新检测、进板、出板或者编辑 NG 的元器件数据）设置自动模式或通过模式。所有的文件必须在系统中人工地存储。

（4）AOI 操作指导。

① 启动系统。打开系统电源之前确认 AOI 安装完毕。启动系统分为 3 个步骤：打开电源

（注意打开电源之前不可将电路板放入 AOI）；显示 Windows 界面；启动检测应用程序，关闭 AOI 的上盖及前门，然后按重启键来初始化硬件并读取最新的检测数据。注意：当硬件初始化时，AOI 的传送带会运转，预烘 4 小时 LED 会闪亮几秒钟。

② 检查 AOI 轨道是否与 PCB 板宽度一致，确认 AOI 检测程序（名称和版本）是否正确。

③ 接住从回流炉流出的 PCB 板，置于台面冷却后，将板的定位孔靠向 AOI 操作一侧，投入 AOI 进行检测。

④ AOI 检查结果判定。

a. 若屏幕右上角显示"OK"，表明 AOI 判定此板为没问题。

b. 若屏幕右上角显示"NG"，表明 AOI 判定此板为不良品或 AOI 误测。AOI 测试员对 AOI 判断为 NG 的板取出对照屏幕显示红色位置逐一目检确认。无法确认交目检工位确认。若是误测则将此板按没问题处理；若为 NG，则标示不良位置并挂上不良品跟踪卡，传下一工位（AOI 后目检）。

c. 测试没问题的板，在规定的位置用箱头笔打记号。

⑤ 注意事项。

a. 每次上班前 IPQC（制程检验员）用 NG 样板确认检测程序有效性，将检测结果记录在 "AOI 样板检测表"上，如有异常，及时通知 AOI 技术员调试程序。

b. AOI 测试员必须戴静电腕带作业，每次下班前须清洁机器的外表面，并保持机器周围清洁。

c. AOI 测试员严禁在测试时按"ALLOK"窗口，必须对所有红色窗口认真确认，防止漏检。

d. 若发生异常情况或 AOI 漏测时，及时通知 AOI 技术员调试处理，必要时按下 "EMERGENCYSTOP"（紧急停止）按钮。

e. AOI 误测较多时，AOI 测试员及时通知 AOI 技术员调试程序。

⑥ 退出系统。选择程序中"退出"命令，保存当前数据后退出系统，回到 Windows 界面，然后关闭 Windows，当 Windows 显示关闭信息后，关闭 AOI 主电源和电源开关，PC 及显示器也会自动地关闭。

3. 自动 X 射线检测（X-Ray）

AOI 系统的不足之处是只能进行图形的直观检验，检测的效果依赖光学系统的分辨率，它不能检测不可见的焊点和元器件，也不能从电性能上定量地进行测试。

X-Ray 检测是利用 X 射线可穿透物质并在物质中有衰减的特性来发现缺陷，主要检测焊点内部缺陷，如 BGA、CSP 和 FC 中 Chip 的焊点检测。尤其对 BGA 组件的焊点检查，作用无可替代，但对错件的情况不能判别。

（1）保存或打印所需的图像文件。

移动检查部位或者更换样板进行检测，检测完毕后，关闭全部电源。

（2）注意事项。

① 每天的第一次开机必须先做一次预热（WARM UP）；两次使用间隔超过 1 h 也必须做一次"WARM UP"。

② 开启 X-Ray 后，等 X-Ray 功率上升到设定值并稳定后再开始做"ScanBoard"。

③ 机器完成初始化设置后，不要立即关闭"X-Ray"应用软件，不要将开关钥匙打到"POWERON"，也不要连续做两次"INITIALIZATION"（初始化）。

④ 关闭应用程序时，单击"关闭"按钮后请等待程序完全关闭，不要再次单击"关闭"按钮。

⑤ 在紧急情况下应及时按下紧急开关。

⑥ 放入的样品高度不能超过 50 mm。禁止非该设备操作人员操作。

⑦ 开后门时应注意不要将手放在门轴处，防止挤伤。

⑧ 开关门时请注意轻关轻放，避免碰撞以损伤内部机构。

4. ICT 在线测试

ICT 是英文 In Circuit Tester 的简称，中文含义是"在线测试仪"。ICT 可分为针床 ICT 和飞针 ICT 两种。飞针 ICT 基本只进行静态的测试，优点是不需制作夹具，程序开发时间短。针床式 ICT 可进行模拟器件功能和数字器件逻辑功能测试，故障覆盖率高；但对每种单板需制作专用的针床夹具，夹具制作和程序开发周期长。

在 SMT 实际生产中，除了焊点质量不合格导致焊接缺陷以外，元器件极性贴错、元器件品种贴错、数值超过标称值允许的范围，也会导致产品缺陷，因此生产中不可避免地要通过 ICT 进行性能测试，检查出影响其性能的相关缺陷，并根据暴露出的问题及时调整生产工艺。

1）针床式在线测试仪的功能与特点

针床式在线测试仪是通过对在线元器件的电性能及电气连接进行测试来检查生产制造缺陷及元器件不良的一种标准测试手段。ICT 使用专门的针床与已焊接好的线路板上的元器件焊点接触，并用数百毫伏电压和 10 mA 以内电流进行分立隔离测试，从而精确地测量所装电阻、电感、电容、二极管、可控硅、场效应管、集成块等通用和特殊元器件的漏装、错装、参数值偏差、焊点连焊、线路板开、短路等故障，并将故障是哪个元件或开路位于哪个点准确告诉用户。

由于 ICT 的测试速度快，并且相比 AOI 和 AXI 能够提供较为可靠的电性能测试，所以在一些大批量生产电子产品的企业中，成为了测试的主流设备。

但随着印制电路板组装密度的提高，特别是细间距 SMT 组装以及新产品开发生产周期越来越短，印制电路板品种越来越多，针床式在线测试仪存在一些难以克服的问题：测试用针床夹具的制作、调试周期长、价格贵；对于一些高密度 SMT 印制电路板由于测试精度问题无法进行测试。图 9-7 和图 9-8 是针床式在线测试仪的外观照片和内部结构图。

2）针床式在线测试仪操作指导

（1）操作步骤。

① 打开 ICT 电源，ICT 自动进入测试画面，打开测试程序。ICT 技术员须用 ICT 标准样件检测 ICT 的测试功能和测试程序，用 ICT 不良品样件核对 ICT 检测不良的功能，确认无误后，才可通知 ICT 测试员开始测试。测试员开始测试时须再次确认测试程序名及程序版本是否吻合。

② 取目检没问题的 SMA，双手拿住板边，放置于测试工装内，以定柱为基准，将 PCB 正确安装于治具上，定位针与定位孔定位要准确，定位针不可有松动现象。

图 9-7　针床式在线测试仪的外观照片

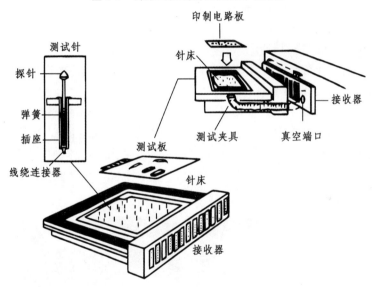

图 9-8　针床式在线测试仪的内部结构图

③ 双手同时按下气动开关 "DOWN" 和 "UP/DOWN"。

④ 气动头下降到底部后，开始自动测试。

⑤ 确认测试结果，若屏幕出现 "PASSED" 或 "GO" 为良品，则用记号笔在规定位置做标志，并转入下一道工序；若屏幕上出现 "FAIL" 字样或整个屏幕呈红色，为不良品，打印出不良内容贴于板面上，置于不良品放置架中，供电子工程部分析不良原因后，送修理工位统一修理。同种不良出现 3 次以上必须通知生产线 PIE、ICT 技术员、品质工程师确认，并要采取相应对策。

⑥ 测试不良板经两次再测之后没问题，则判为良品；若仍为 NG，则判为不良品。

按一下 "UP/DOWN" 开关，气动头上升，双手拿住板边取下 SMA，放到工作台面上。

（2）注意事项。

① 操作时必须戴上手指套及防静电环作业，不可碰到部品。

② 每天接班时必须先用标准测试合格板及 NG 板对测试架进行检测，没问题后方可开始测试，如发现问题则通知 ICT 技术员检修，并作好测试架的状况记录。

③ 未经 ICT 技术员允许，不可变更程序。

④ 注意 SMA 的置于方向及定位 Pin 的位置，防止放错方向损坏 SMA。

⑤ 每测试完 30 PANEL 后，应用钢刷刷一次测试针。

⑥ ICT 测试工装周围 10 cm 内严禁摆放物品。

⑦ ICT 机上不可放状态纸、手套等杂物。

5. 飞针式在线测试仪

现今电子产品的设计和生产承受着上市时间的巨大压力，产品更新的时间周期越来越短，因此在最短时间内开发出新产品和实现批量生产对电子产品制作来说是至关重要的。飞针测试技术是目前电气测试一些主要问题的最新解决办法，它用探针来取代针床，使用多个由电动机驱动、能够快速移动的电气探针同器件的引脚进行接触并进行电气测量。由于飞针测试不用制作和调试 ICT 针床夹具，以前需要几周时间开发的测试现在仅需几个小时，大大缩短了产品设计周期和投入市场的时间。

（1）飞针测试系统的结构与功能。

飞针式测试仪是对传统针床在线测试仪的一种改进，它用探针来代替针床，在 X-Y 机构上装有可分别高速移动的 4～8 根测试探针（飞针），最小测试间隙为 0.2 mm。

工作时在测单元（UUT）通过皮带或者其他传送系统输送到测试机内，然后固定，测试仪的探针根据预先编排的坐标位置程序移动并接触测试焊盘（test pad）和通路孔（via），从而测试在测单元的单个元件，测试探针由多路传输系统连接到驱动器和传感器，通过信号发生器、数字万用表、频率计等来测试 UUT 上的元件。当一个元件正在测试的时候，UUT 上的其他元件通过探针在电气上屏蔽以防止读数干扰，如图 9-9 所示。

图 9-9 工作中的飞针式在线测试仪

飞针测试仪可以检查电阻器的电阻值、电容器的电容值、电感器的电感值、器件的极性，以及短路（桥接）和开路（断路）等参数。

（2）飞针测试仪的特点。

① 较短的测试开发周期。系统接收到 CAD 文件后几小时内就可以开始生产，因此，原型印制电路板在装配后数小时即可测试。

② 较低的测试成本。不需要制作专门的测试夹具。

③ 由于设定、编程和测试的简单与快速，一般技术装配人员就可以进行操作测试。

④ 较高的测试精度。飞针在线测试的定位精度（±10 μm）以及尺寸极小的触点和间距，使测试系统可探测到针床夹具无法达到的 PCB 节点。与针床式在线测试仪相比，飞针式 ICT 在测试精度、最小测试间隙等方面均有较大幅度的提高。以目前使用较多的四测头飞针测试仪为例，测头由三台步进电动机以同步轮与同步带协同组成三维运动。X 和 Y 轴运动精度达 2 mil（1 mil=0.025 4 mm），足以测试目前国内最高密度的 PCB，Z 轴探针与板之间的距离从 160 mil 至 600 mil 可调，可适应 0.6～5.5 mm 厚度的各类 PCB。每测针一秒钟可检测 3～5 个测试点。

⑤ 飞针测试的缺点。因为测试探针与通路孔和测试焊盘上的焊锡发生物理接触，可能会在焊锡上留下小凹坑。对于某些客户来说，这些小凹坑可能被认为是外观缺陷，造成拒绝接受；因为有时在没有测试焊盘的地方探针会接触到元件引脚，所以可能会检测不到松脱或焊接不良的元件引脚。飞针测试时间过长是另一个不足，传统的针床测试探针数目有 500～3000 只，针床与 PCB 一次接触即可完成在线测试的全部要求，测试时间只要几秒，针床一次接触所完成的测试，飞针需要许多次运动才能完成，时间显然要长得多。另外针床测试仪可使用顶面夹具同时测试双面 PCB 的顶面与底面元件，而飞针测试仪要求操作员测试完一面，然后翻转再测试另一面。因此飞针测试不能很好适应大批量生产的要求。

（3）飞针式在线测试仪的维护保养。

① 每天检查设备的清洁程度，特别是 Y 轴。应该使用真空吸尘器进行大型部件清洁，并使用酒精浸泡小型部件。不要使用压缩空气进行清洁，以避免将灰尘吹入设备内部而影响使用。

② 周期性检查过滤器状态。检查频率应根据设备使用的空气类型而定，空气含有杂质越多检查应越频繁，并时常更换过滤器。为评价过滤器工作状态，关闭开关并拧开外壳。过滤器应干燥并颜色一致。如有痕迹表示有油或水。如果污染痕迹比较明显，应更换过滤器并检查气源。

③ 通过运行自检程序能够检查系统状态。从 VIVA 主窗口，单击"SELFFEST"图标启动该程序。将显示出左边的对话窗口。在这个窗口中，操作者可以设置不同的选项来检查设备。

9.3　功能测试（FCT）

组装阶段的测试包括生产缺陷分析（MDA）、在线测试（ICT）和功能测试（使产品在应用环境下工作时的测试）及其三者的组合。

ICT 能够有效地查找在组装过程中发生的各种缺陷和故障，但不能够评估整个 SMA 所组成的系统在时钟速度时的性能。功能测试就是测试整个系统是否能够实现设计目标。

功能检测用于表面组装组件的电功能测试和检验。功能检测就是：将表面组装组件或表面组装组件上的被测单元作为一个功能体输入电信号，然后按照功能体的设计要求检测输出信号，大多数功能检测都有诊断程序，可以鉴别和确定故障。最简单的功能检测是将表面组装组件连接到该设备相应的电路上进行加电，看设备能否正常运行，这种方法简单、投资少，但不能自动诊断故障。

功能测试仪（Functional Tester）通常包括 3 个基本单元：加激励、收集响应并根据标准组件的响应评价被测试组件的响应。通常采用的功能测试技术有以下两种。

1. 特征分析（SA）测试技术

SA 测试技术是一种动态数字测试技术，SA 测试必须采用针床夹具，在进行功能测试时，测试仪通常通过边界连接器（Edge Comector）同被测组件实现电气连接，然后从输入端口输入信号，并监测输出端信号的幅值、频率、波形和时序。功能测试仪通常有一个探针，当某个输出连接口上信号不正常时，就通过这个探针同组件上特定区域的电路进行电气接触来进一步找出缺陷。

2. 复合测试仪

复合测试仪是把在线测试和功能测试集成到一个系统的仪器，是近年来广泛采用的测试设备（ATE），它能包括或部分包括边界扫描功能软件和非矢量测试相关软件。特别能适应高密度封装以及含有各种复杂 IC 芯片组件板的测试。对于引脚级的故障检测可达到 100% 的覆盖率，有的复合测试仪还具有实时的数据收集和分析软件以监视整个组件的生产过程，在出现问题时能及时反馈以改进装配工艺，使生产的质量和效率能在控制范围之内，保证生产的正常进行。

检测的基本内容有元器件的可焊性、引线共面性、使用性能，PCB 的尺寸和外观、阻焊膜质量、翘曲和扭曲、可焊性、阻焊膜完整性，焊锡膏的金属百分比、黏度、粉末氧化均匀，焊锡的金属污染量，助焊剂的活性、浓度，黏结剂的黏性等多项。

表面组装工序检测主要包括焊锡膏印刷工序、元器件贴装工序、焊接工序等工艺过程的检测。

目前，生产厂家在批量生产过程中检测 SMT 印制电路板的焊接质量时，广泛使用人工目视检验、自动光学检测（AOI）、自动 X 射线检测（X-Ray）等方法。

本项目针对车间现场管理及质量控制技术进行了全面的阐述，尤其是对 SMT 生产线配置原则、设备选择，车间基础设施要求及生产现场管理，质量控制技术等几个主要方面重点分析。

10.1　质量控制的内涵与特点

SMT 技术是一项系统工程，它技术密集、知识密集，在 SMT 大生产中，设备投资大、技术难度高。由于设备本身的高质量、高精度，保证了系统的高精度并实现了自动化成线运行。正常情况下，设备故障率很低，但系统调整不佳、操作不当、供电供气不正常、生产环境不好，以及工序衔接不好均会导致设备故障率提高。在实际生产中由于工艺不当，产品更换了而焊接炉温曲线没有及时调整，元器件、PCB、焊锡膏、贴装胶储存条件不规范，导致元器件可焊性变差等均会产生焊接缺陷。因此 SMT 生产中的质量管理已愈来愈受到众多 SMT 生产厂家的重视，并把 SMT 质量管理视为 SMT 的一个组成部分，也是对 SMT 技术的再认识。

1. 依据 ISO-9000 系列标准做好 SMT 生产中的质量管理

ISO-9000 系列标准是由设在瑞士日内瓦的国际标准化组织，即由各国标准化团体组成的世界性的联合会，于 1987 年成立，旨在进一步提高生产厂家质量管理水平的国际标准，这个标准每 5 年修改一次，重新发布。多年来这个标准不分国界、不分行业，越来越受到世界各国政府、团体、工厂重视和认可，并积极申报该标准的评审。

SMT 生产中质量要求之高，加工难度之大，这在其他行业是少见的，它与众多的行业、工厂紧密相连，各种元器件、辅助材料、焊锡膏、贴片胶、PCB、加工设备既有外购件又有外协件；产品设计者既需要本专业知识，又必须熟悉 SMT 工艺方法、工艺规范；焊接质量既需要设备的保证，又离不开人的经验；稍有差错就会造成质量事故，特别是一旦发生焊接质量问题，维修与挽回损伤的可能性都非常小。因此，依据 ISO-9000 系列标准，做好 SMT 生产中的质量管理，逐渐形成完整的质量管理体系，是提高 SMT 生产质量的关键。

2. SMT 产品质量控制的特点

SMT 是涉及各项技术和学科的综合性技术，其组装产品的质量控制具有不少特殊性，并有相当难度，主要体现在以下几方面。

（1）由于 PCB 电路设计、元器件设计及其它们的生产，焊接材料的设计、生产与产品组装环节往往不是在同一企业进行，来料质量控制内容多而复杂。

（2）影响组装质量的因素多。元器件、PCB、组装材料、组装设备及其工艺参数、生产环境等，均对产品组装质量产生影响。

（3）质量检测难度大。细间距、高密度组装，PCB 多层化，器件微型化和某些器件引脚不可视等，给检测技术带来较大难度，检测成本增加。

（4）故障诊断困难。器件故障、运行故障、组装故障是 SMT 产品三类主要故障，引起故障的因素多达数十种，要进行准确诊断较困难，诊断费用高。

（5）返修成本高。组装器件和组装材料高成本、返修必须采用专用工具和设备等，都使返修成本加大，且返修花费时间长。

3. SMT 产品组装质量控制的基本策略

SMT 产品组装生产的质量控制中，传统上采用 SQC 方式的较多。但根据 SMT 产品质量控制特点，为尽量避免 SMT 产品的故障诊断与返修等高成本环节，在其产品设计和组装生产过程的质量控制形式上，更提倡采用以事先预防为主的全面质量控制方式，对应的基本策略主要有：

（1）尽量采用设计制造一体化技术，在 PCB 电路设计等过程中融入可制造性设计、可测试性设计，可靠性设计等面向制造的设计内容。

（2）严格把好元器件和组装材料等来料质量关，事先进行可焊性测试等质量检测。

（3）采用工序上尽早测试原则，使质量故障问题尽早发现，尽早制止，避免故障随着工序的后移而扩展或加重，从而引起诊断与维修难度加大以及费用的几何级数式增长。

（4）形成工序检测与终端检测结合的组装质量检测与反馈闭环控制。

10.2 SMT 生产质量管理体系

本节介绍的 SMT 生产质量管理体系主要是指质量保证体系，在总方针及质量方针中，主要涉及质量指标，实际生产中还应包括其他方面的内容，如企业总产值、企业精神文明、企业文化等内容。此外，该生产质量管理体系仅适应具有一定生产规模的 SMT 部门，而对小批量生产线可参考执行。

1. 总体质量目标

制订明确的质量方针和质量目标是推行 ISO-9000 管理体系的标志，其方针目标应体现出质量在不断提高，并经过努力后能够达到，并且方针目标应在各部门中认真落实和贯彻。企业的 SMT 生产中心应依据世界先进目标，制订出确实可行的质量目标。

同时，应根据质量方针的要求分析影响质量的关键及生产环节中的薄弱问题，通过分析研究制订出有力的控制措施，并由相应部门和具体人员去落实解决。

2. SMT 产品设计

产品设计师除了熟悉电子线路专业知识外，还应熟悉 SMT 元器件以及各种 SMT 工艺流程，特别是中心的 SMT 生产线流程和能力，在设计的过程中始终与 SMT 工艺保持联系和沟通。设计师所设计的 PCB 应符合 SMT 工艺要求。应有一套完善的设计控制制度，包括各种数据、试验记录，特别是 SMT 生产质量有关的记录，设计与工艺联络程序如图 10-1 所示。

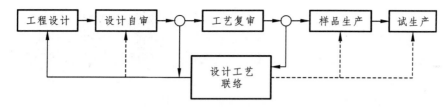

图 10-1　设计与工艺联络程序

3. 外购件及外协件的管理

（1）管理办法。有一套行之有效的管理办法，如外购件按重要性分类管理，对不同的产品或分承包方采取不同的控制办法。例如，对外购设备等贵重物资应做到：购买前，应有专业人员立项、专家组以及专业部门评审认定，购买时应采取招标制，使用后应定期评估其效益或必要性。

（2）进货检验或验证。有一套严格的进货检验或验证制度，检验人员应具备良好的专业素质，设备及规程均比较正规。

（3）外购与外协件的保管与存放。有正规的进货仓库，仓库条件能保证存储物品的质量不致受损，进出均有一套严格的管理制度，账、卡、物相符，保管人员受过培训。

（4）外协产品。外协产品，特别是质量要求高的双面、多层印制电路板，应对委托加工单位进行评估和考察，应选择具备很强工艺技术和装备实力的专业工厂。

4. SMT 生产管理中工序管理办法的具体内容

（1）有一套正规的生产管理办法，如规定有首件检查、自检、互检及检验员巡检的制度，工序检验不合格不能转到下道工序，SMT 生产首件产品中现场工艺运行流程如图 10-2 所示。

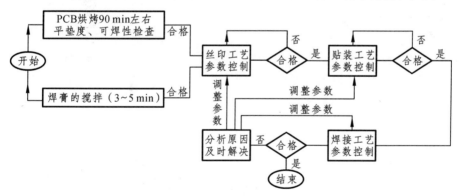

图 10-2　SMT 生产首件现场工艺运行流程

（2）有明确的质量控制点。

SMT 生产中的质控点有锡膏印刷、贴片、炉温调控。对质控点的要求如下：现场有质控点标识；有规范的质控点文件；控制数据记录正确、及时、清楚；对控制数据及时进行处理；定期评估 PDCA 循环和可追溯性。

5. SMT 生产环境的具体要求

生产现场有定置区域线，楼层（班组）有定置图，定置图绘制符合规范要求；定置合理，定置率高，标识应用正确；库房材料与在制品分类储存，所有物品堆放整齐、合理并定区、定架、定位，与位号、台账相符；凡停滞区内摆放的物品必须要有定置标识，不得混放。

在清洁文明方面应做到：料架、运输车架、周转箱无积尘；管辖区的公共走道通畅无杂物，楼梯、地面光洁无垃圾，门窗清洁无尘；文明作业，无野蛮、无序操作行为；实行"日小扫""周大扫"制度。

对现场管理有制度、有检查、有考核、有记录；立体包干区（包括线体四部位、设备、地面）整洁无尘，无多余物品；能做到"一日一查""日查日清"。

生产线的辅助环境是保证设备正常运行的必要条件，主要有以下几方面：

（1）动力因素。

SMT 设备所需动力通常为二部分：电能与压缩空气。其质量好坏不仅影响设备的正常运行，而且直接影响设备的使用寿命。

① 压缩空气。SMT 生产线上，设备的动力是压缩空气，一台设备上少则几个气缸、电磁阀，多则二十几个气缸与电磁阀，压缩空气应用统一配备的气源管网引入生产线相应设备，空压机离厂房要有一定距离；气压通常为 $0.5 \sim 0.6$ MPa，由墙外引入时应考虑到管路损耗量；压缩空气应除油、除水、除尘，含油量低于 0.5×10^{-6}。

② 采用三相五线制交流工频供电。所谓三相五线制交流工频供电是指除由电网接入 U、V、W 三相相线之外，电源的工作零线与保护地线要严格分开接入；在机器的变压器前要加装线路滤波器或交流稳压器，电源电压不稳及电源净化不好，机器会发生数据丢失及其他损坏。

（2）SMT 车间正常环境。

SMT 生产设备是高精度的机电一体化设备，对于环境的要求相对较高，应放置于洁净厂房中。

温度：$20 \sim 26$ ℃（具有锡膏、贴片胶专用存放冰箱时可放宽）；

相对湿度：$40\% \sim 70\%$；

噪声：$\leqslant 70$ dB；

洁净度：$0.5 \leqslant$ 粒径 $\leqslant 5.0$（μm），$2.5 \times 10^4 \leqslant$ 含尘浓度 $\leqslant 3.5 \times 10^5$（粒/m²）。

对墙上窗户应加窗帘，避免日光直接射到机器上，因为 SMT 生产设备基本上都配置有光电传感器，强烈的光线会使机器误动作。

（3）SMT 现场还应有防静电系统，系统及防静电地线应符合国家标准。

（4）SMT 机房要有严格的出入制度、严格的操作规程、严格的工艺纪律。如：凡非本岗位人员不得擅自入内，在学习期间人员，至少两人方可上机操作，未经培训人员严禁上机；所有设备不得带故障运行，发现故障及时停机并向技术负责人汇报，排除故障后方可开机；所有设备与零部件，未经允许不得随意拆卸，室内器材不得带出车间等。

6. SMT 产品质量检验的具体要求

（1）机构。

质量检验部门应独立于生产部门之外，职责明确，有能力强、技术水平高、责任心强的专职检验员。SMT 中心应设有以下部门：

① 辅助材料检测部门。凡购进的各种材料都应该按标准（在国外标准/国标/厂标中最少选择一个）进行认真检测，不经过检测的材料不准使用，检测不合格的不准使用。

检测的原材料常有：焊锡膏、贴片胶、助焊剂、防氧化油、高温胶带、清洗剂、焊锡丝、

PCB。以焊锡膏为例，其质量的好坏将影响到表面组装生产线各个环节。因此，应十分重视焊锡膏品质的检测。至少应做焊球试验、焊锡膏黏度测试、焊锡膏粒度及金属含量试验、绝缘电阻试验。

② 元器件检测部门。了解表面安装元器件的品种和规格以及国内外的发展情况，选择 SMC/SMD，并掌握其技术参数、外形尺寸和封装标准情况；向印制电路板布线设计师提供 SMC/SMD 的外形尺寸、特性参数；负责拟定元器件的检验标准；向有关人员（如计划员、库管员等）提供 SMC/SMD 分类标准及管理方法，保 SMC/SMD 的正确性；了解和选择 THC/THD 及插件、连接器。

元器件测试的内容有：验证元器件的技术条件和数据；测试元器件可焊性、耐焊接热性能；验证元器件质量指标；提出元器件最终认可意见。

③ 成品检验部门。成品检验必须严格，在进货检验、工序检验合格的基础上进行成品检验，合格才准放行。SMA 成品应进行下列测试：焊点质量测试、SMA 在线测试（需要时）、SMA 的功能测试（需要时），合格后方能入库或交付使用。

主要检验过程要严格控制，每批测试前应先检查仪器设备，检验员严格按检验文件操作，检验结果由专人校核。

要做到检验环境良好，无灰尘、电磁、振动等影响，场地设备仪表整洁，检验设备、仪表、量具等均按规定校准，能保持要求的精度，检验记录齐全、完整、清晰，可以追溯。

（2）检验依据文件。

检验应依据各种产品（包括为中心提供的全部产品）的检验规程、检验标准或技术规范，且严格按此进行检验。

（3）检验设备。

主要检验设备、仪表、量具齐全，且处于完好状态，按期校准，少数特殊项目委托专门检验机构进行。

7. SMT 生产中工作人员的职责

SMT 是一项高新技术，对人的素质要求高，不仅要技术熟练，还要重视产品质量，责任心强，专业应有明确分工（一技多能更好），SMT 生产中必须具有下列人员：

（1）SMT 主持工艺师与 SMT 工程技术责任人。其职责是全面主持 SMT 工程工作；组织全面工艺设计；提出 SMT 专用设备选购方案；提出资金投入预算，并负责"投入保证"程序的实施；负责 SMT 工程"产出保证"程序的实施；组织工程文件化工作；研究新工艺，不断提高产品质量及生产效率；了解国内外 SMT 的发展趋势、调研市场发展动态；负责试制人员的技术培训。

（2）SMT 工艺师。其职责是确定产品生产程序，编制工艺流程；参与新产品开发，协助设计师做好 PCB 设计；熟悉元器件、PCB 以及质量认定；熟悉焊锡膏、贴片胶工艺性能以及评价；能现场处理生产中出现的问题，及时做好记录；掌握产品质量动态，对引起质量波动的原因进行分析，及时报告并提出质量部门的处理意见，监督生产线工艺的执行；负责组织产品的常规试验及其他试验；参与产品的开发研制工作，提出质量保证方案。

（3）SMT 工艺装备工程师。熟悉 SMT 设备的机、电工作原理；负责设备的安装和调试工作、组织操作工的技术培训及其他有关技术工作；负责点胶、涂膏、贴片、焊接、清洗及检测系统设备的选型、编制购置计划；了解各类设备的功能、价格及发展的最新动态；选择辅助设备，提出自备工装设备的技术要求和计划；负责设备的修理、保养工作，编制设备保养计划。

（4）SMT 检测工程师。其职责是负责 SMA 的质量检验，根据技术标准编制检验作业指导书，对检验员进行技术培训，积极宣传贯彻质量法规；负责检测技术及质量控制，包括针床设计及测试软件的编制；研究并提出 SMT 质量管理新办法；掌握测试设备发展最新动态。

（5）印制板布线设计工程师。PCB 布线设计工程师，主要工作是能承接外协任务，对前来加工的产品，只要客户提供产品的线路原理图，就能设计出 SMB。设计工程师的职责是：精通电器原理，会进行 PCB 的 CAD 设计；熟悉 SMC/SMD；熟悉 SMT 工艺（可同工艺师共同商议产品工艺流程）。

（6）质量统计管理员。其职责是负责统计、处理质量数据并及时向有关技术人员报告；掌握元器件等外购件及外协件的配料情况，能根据产品的生产日期查出元器件的生产厂家，向有关人员反映元器件的质量情况。

（7）生产线线长。其职责是贯彻正确的 SMT 工艺，监视工艺参数，对生产中的工艺问题及时与工艺师沟通、及时处理。重点监控焊锡膏的印刷工艺以及印刷机的刮刀压力、速度等，确保获得高质量的印刷效果；发挥设备的最大生产能力，减少辅助生产时间，重点是元器件上料时间，小组要考核自己生产线的 SMT 生产设备的利用率。小组对产品质量负责，开展三检：首检、抽检、终检。一旦发生质量问题，全组商议解决，开展 SPC，力争线的工艺能力指数 C_P 值达到 1.33 以上，小组要考核产品的直通率。

（8）精密网印机、贴片机、回流焊炉等各主设备责任操作员。其职责是熟练、正确操作设备（含编程）；掌握设备保养知识；熟记设备正常状态下的环境位置，例如灯光指示状态、开关存在状态、运行机械状态以及设备的其他典型状态；掌握辅助材料性能及应用保管方法；熟悉 SMD。

8. SMT 生产主要工艺文件

SMT 主要工艺文件应包括下列内容：
① 锡膏印刷典型工艺；
② 锡膏、贴片胶使用与储存注意事项；
③ 贴片胶涂布典型工艺；
④ 贴片机编程工艺要求；
⑤ SMA 焊接炉温测试工艺规范；
⑥ 波峰焊炉温测试工艺规范；
⑦ 贴片胶固化工艺规范；
⑧ ICT 测试夹具制造流程；
⑨ SMB 设计工艺规范；
⑩ SMA 清洗工艺流程及工艺规范；
⑪ ICT 测试仪使用工艺规范；
⑫ 焊接质量评估规范要求；

⑬ SMT 生产过程中防静电工艺规范；

⑭ 维修站使用工艺规范；

⑮ 烙铁使用工艺规范；

⑯ 其他相关规范。

新产品投产时应具有下列文件：电子元器件及 PCB 可焊性论证报告；投产任务书；产品工艺卡或过程卡（有样件最好）。

　　由于电子技术的迅速发展，使得电子产品日趋小型化，体积、质量及成本大幅下降。在一些大型工厂里，SMT 元器件的焊接都是由自动焊接设备来完成的，人们手工焊接电子产品越来越少。但对于产品试制、小批量生产、具有特殊要求的高可靠性产品生产、产品返修与返工时，因数量比较少，只是个别情况与加工生产能力没有直接的关系，还是以手工焊接为首选。因此手工焊接是焊接技术的基础，也是电子组装工艺的一项重要环节（见图 11-1、图 11-2）。

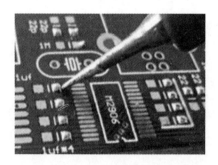

图 11-1　恒温电烙铁操作法

图 11-2　返修台操作法

11.1　手工焊接 SMT 元器件的要求

　　在 SMT 贴片加工中，需要用到的元器件有很多（见图 11-3）。而 SMT 元器件在功能上和插装元器件没有差别，其不同之处在于元器件的封装。表面安装的封装在焊接时要经受很高的温度，其元器件和基板必须具有匹配的热膨胀系数。这些因素在产品设计中必须全盘考虑。那么，SMT 贴片加工对元器件基本要求有哪些呢？

图 11-3　SMT 元器件

1. 锡焊的条件

（1）焊件必须具有良好的可焊性。

所谓可焊性是指在适当温度下，被焊金属材料与焊锡能形成良好结合的合金的性能。并不是所有的金属都具有好的可焊性，有些金属如铬、钼、钨等的可焊性就非常差；有些金属的可焊性比较好，如紫铜、黄铜等。

（2）焊件表面必须保持清洁与干燥。

为了使焊锡和焊件达到良好的结合，焊接表面一定要保持清洁与干燥。

（3）要使用合适的焊剂。

焊剂也叫助焊剂，焊剂的作用是清除焊件表面的氧化膜。不同的焊接工艺，应该选择不同的助焊剂，如镍铬合金、不锈钢、铝等材料，没有专用的特殊焊剂是很难实施锡焊的。

（4）焊件要加热到适当的温度。

焊接时，热能的作用是熔化焊锡和加热焊接对象，使锡、铅原子获得足够的能量渗透到被焊金属表面的晶格中而形成合金。焊接温度过低，对焊料原子渗透不利，无法形成合金，极易形成虚焊；焊接温度过高，会使焊料处于非共晶状态，加速助焊剂分解和挥发，使焊料品质下降，严重时还会导致 PCB 的焊盘脱落或被焊接的元器件损坏。

需要强调的是，不但焊锡要加热到熔化，而且应该同时将焊件加热到能够熔化焊锡的温度。

2. 手工焊接 SMT 元器件与焊接 THT 元器件的特点

（1）焊接材料：焊锡丝更细，一般要使用直径 0.5 ～ 0.8 mm 的活性焊锡丝，也可以使用膏状焊料（焊锡膏）；但要使用腐蚀性小、无残渣的免清洗助焊剂。

（2）工具设备：使用更小巧的专用镊子和电烙铁，电烙铁的功率不超过 20 W，烙铁头是尖细的锥状（见图 11-4），如果提高要求，最好备有热风工作台、SMT 维修工作站和专用工装。

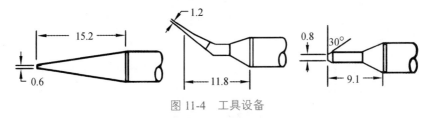

图 11-4　工具设备

（3）要求操作者熟练掌握 SMT 的检测、焊接技能，积累一定工作经验。

（4）要有严密的操作规程。

11.2　SMT 手工焊接常用工具与使用方法

"工欲善其事，必先利其器。"要做好返修，贴片加工中必须熟悉并能正确选用合适的工具。

11.2.1　手工焊接及检修 SMT 元器件的常用工具及设备

1. 检测探针

一般测量仪器的表笔或探头不够细，可以配用检测探针，探针前端是针尖，末端是套筒，使用时将表笔或探头插入探针，用探针测量电路会比较方便、安全（见图 11-5）。

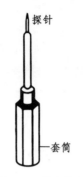

图 11-5 检测探针

2. 电热镊子

电热镊子是一种专用于拆焊 SMC 的高档工具，他相当于两把组装在一起的电烙铁，只是两个电热芯独立安装在两侧（见图 11-6）接通电源以后，捏合电热镊子夹住 SMC 元件的两个焊端，加热头的热量熔化焊点，很容易把元件取下来。

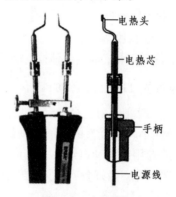

图 11-6 电热镊子

3. 恒温电烙铁

SMT 元器件对温度比较敏感，维修时必须注意温度不能超过 390 ℃，所以最好使用恒温电烙铁。恒温电烙铁如图 11-7 所示。

图 11-7 恒温电烙铁

恒温电烙铁的烙铁头温度可以控制，根据控制方式不同，分为电控恒温电烙铁和磁控恒温电烙铁两种。目前，采用较多的是磁控恒温电烙铁。它的烙铁头上装有一个强磁体传感器，利用它在温度达到某一点时磁性消失这一特性，作为磁控开关，来控制加热器元件的通断以控制温度。

由于片状元器件的体积小，烙铁头的尖端应该略小于焊接面，为防止感应电压损坏集成电路，电烙铁的金属外壳要可靠接地。

4. 电烙铁专用加热头

在电烙铁上配用各种不同规格的专用加热头后（见图 11-8），可以用来拆焊引脚数目不同的 QFP 集成电路或 SO 封装的二极管、晶体管、集成电路等。

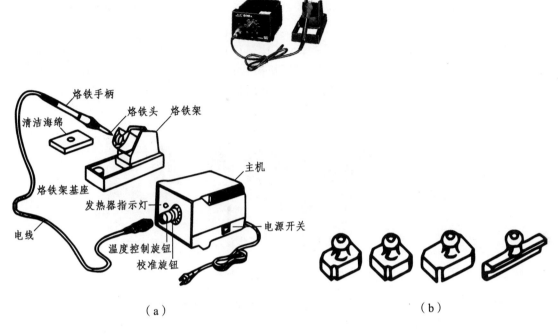

（a）
（b）

图 11-8　电烙铁专用加热头

5. 真空吸锡枪

真空吸锡枪主要由吸锡枪和真空泵两大部分构成（见图 11-9）。吸锡枪的前端是中间空心的烙铁头，带有加热功能。按动吸锡枪手柄上的开关，真空泵即通过烙铁头中间的孔，把熔化了的焊锡吸到后面的锡渣储罐中。取下锡渣储罐，可以清除锡渣。

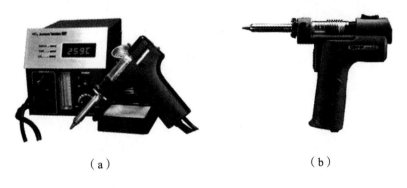

（a）
（b）

图 11-9　真空吸锡枪

6. 热风工作台

热风工作台是一种用热风作为加热源的半自动设备，用热风工作台很容易拆焊 SMT 元器件，比使用电烙铁方便得多，而且能够拆焊更多种类的元器件，热风台也能够用于焊接。热风工作台的热风筒内装有电热丝，软管连接热风筒和热风台内置的吹风电动机。按下热风台前面板上的电源开关，电热丝和吹风电动机同时开始工作，电热丝被加热，压缩空气通过软管从热风筒前端吹出来，电热丝达到足够的温度后，就可以用热风进行焊接或拆焊；断开电源开关电热丝停止加热，但吹风电动机还要继续工作一段时间，直到热风筒的温度降低以后才自动停止。

热风台的前面板上，除了电源开关，还有"HEATER（加热温度）"和"AIR（吹风强度）"两个旋钮，分别用来调整、控制电热丝的温度和吹风电动机的送风量（见图 11-10）。两个旋钮的刻度都是从 1 到 8，分别指示热风的温度和吹风强度。

图 11-10　热风工作台

11.2.2　手工焊接 SMT 元器件电烙铁的温度设定

焊接时，最适合的焊接温度，是让焊点上的焊锡温度比焊锡的熔点高 50 ℃ 左右。由于焊接对象的大小、电烙铁的功率和性能、焊料的种类和型号不同，在设定烙铁头的温度时，一般要求在焊锡熔点温度的基础上增加 100 ℃ 左右。

（1）手工焊接或拆除下列元器件时，电烙铁的温度设定为 250～270 ℃ 或（250±20）℃：
① 1206 以下所有 SMT 电阻、电容、电感元件。
② 所有电阻排、电感排、电容排元件。

（2）除上述元器件，焊接温度设定为 350～370 ℃ 或（350±20）℃。在检修 SMT 电路板的时候，假如不具备好的焊接条件，也可用银浆导电胶黏结元器件的焊点，这种方法避免元器件受热，操作简单，但连接强度较差。

11.3　SMT 元器件的手工焊接与拆焊技术

11.3.1　用电烙铁进行焊接

用电烙铁焊接 SMT 元器件，最好使用恒温电烙铁，若使用普通电烙铁，烙铁的金属外壳应该接地，防止感应电压损坏元器件。由于片状元器件的体积小，烙铁头尖端的截面积应该比焊接面小一些。焊接时要注意随时擦拭烙铁尖，保持烙铁头洁净；焊接时间要短，一般不要超过 2 s，看到焊锡开始熔化就立即抬起烙铁头；焊接过程中烙铁头不要碰到其他元器件；焊接完成后，要用带照明灯的 2～5 倍放大镜，仔细检查焊点是否牢固、有无虚焊现象；假如焊件需要镀锡，先将烙铁尖接触待镀锡处约 1 s，然后再放焊料，焊锡熔化后立即撤回烙铁（见图 11-11）。

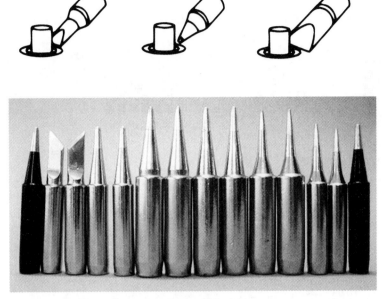

图 11-11　电烙铁焊接

1. 手工焊接两端 SMC 元件

先在一个焊盘上镀锡后，电烙铁不要离开焊盘，保持焊锡处于熔融状态，立即用镊子夹着元器件放到焊盘上，先焊好一个焊端，再焊接另一个焊端。

另一种焊接方法是，先在焊盘上涂敷助焊剂，并在基板上点一滴不干胶，再用镊子将元器件粘放在预定的位置上，先焊好一脚，后焊接其他引脚。安装钽电解电容器时，要先焊接正极，后焊接负极，以免电容器损坏（见图 11-12）。

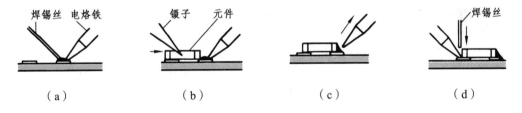

（a）　　　　　　（b）　　　　　　（c）　　　　　　（d）

图 11-12　手工焊接两端 SMC 元件

2. 焊接 QFP 封装集成电路

先把芯片放在预定的位置上，用少量焊锡焊住芯片角上的 3 个引脚，使芯片被准确地固定，然后给其他引脚均匀涂上助焊剂，逐个焊牢（见图 11-13）。焊接时，如果引脚之间发生焊锡粘连现象，可按照如图 11-13（c）的方法清除：在粘连处涂抹少许助焊剂，用烙铁尖轻轻沿引脚向外刮抹。

有经验的技术工人会采用 H 形烙铁头进行"拖焊"——沿着 QFP 芯片的引脚，把烙铁头快速向后拖——能得到很好的焊接效果。

焊接 SOT 晶体管或 SO、SOL 封装的集成电路与此相似，先焊住两个对角，然后给其他引脚均匀涂上助焊剂，逐个焊牢。

如果使用含松香芯或助焊剂的焊锡丝，亦可一手持电烙铁另一手持焊锡丝，烙铁与锡丝尖端同时对准欲焊接器件引脚，在锡丝被融化的同时将引脚焊牢，焊前可不必涂助焊剂。

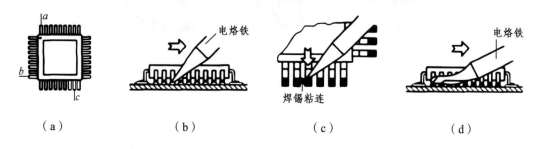

（a）　　　　　（b）　　　　　（c）　　　　　（d）

图 11-13　焊接 QFP 封装集成电路

11.3.2　用专用加热头拆焊元器件

仅使用电烙铁拆焊 SMC/SMD 元器件是很困难的。同时用两把电烙铁只能拆焊电阻、电容等二端元件或二极管、三极管等引脚数目少的元器件，如图 11-14 所示，想拆焊晶体管和集成电路，要使用专用加热头。

（a）　　　　　　　　　　（b）

图 11-14　双电烙铁拆焊两端元器件

采用长条加热头可以拆焊翼形引脚的 SO、SOL 封装的集成电路，操作方法如图 11-15 所示。

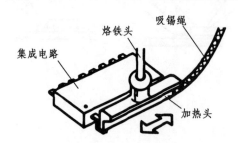

图 11-15　用长条加热头拆焊集成电路的方法

将加热头放在集成电路的一排引脚上，按图中箭头方向来回移动加热头，以便将整排引脚上的焊锡全部熔化。注意当所有引脚上的焊锡都熔化并被吸锡铜网（线）吸走、引脚与电路板之间已经没有焊锡后，用专用起子或镊子将集成电路的一侧撬离印制板。然后用同样的方法拆焊芯片的另一侧引脚，集成电路就可以被取下来。

S 型、L 型加热头配合相应的固定基座，可以用来拆焊 SOT 晶体管和 SO、SOL 封装的集成电路（见图 11-16）。头部较窄的 S 型加热片用于拆卸晶体管，头部较宽的 L 型加热片用于拆卸集成电路。使用时，选择两片合适的 S 型或 L 型加热片用螺丝固定在基座上，然后把基座接到电烙铁发热芯的前端。先在加热头的两个内侧面和顶部加上焊锡，再把加热头放在器件的引脚上面，约 3～5 s 后，焊锡熔化，然后用镊子轻轻将器件夹起来。

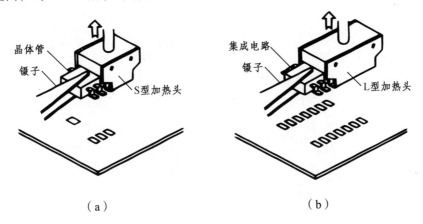

图 11-16 S 型、L 型加热头拆焊集成电路方法

使用专用加热头拆卸 QFP 集成电路，根据芯片的大小和引脚数目选择不同规格的加热头，将电烙铁头的前端插入加热头的固定孔。在加热头的顶端涂上焊锡，再把加热头靠在集成电路的引脚上，约 3～5 s 后，在镊子的配合下，轻轻转动集成电路并轻轻提起（见图 11-17）。

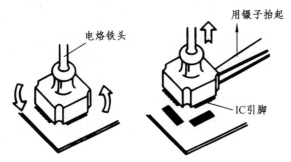

图 11-17 专用加热头的使用方法

11.3.3 用热风工作台焊接或拆焊 SMC/SMD 元器件

用热风工作台拆焊 SMC/SMD 元器件比较容易操作，比使用电烙铁方便得多，能够拆焊的元器件种类也更多。

1. 用热风台拆焊

按下热风工作台的电源开关，就同时接通了吹风电动机和电热丝的电源，调整热风台面板上的旋钮，使热风的温度和送风量适中。这时，热风嘴吹出的热风就能够用来拆焊 SMC/SMD 元器件。

热风工作台的热风筒上可以装配各种专用的热风嘴，用于拆卸不同尺寸、不同封装方式的芯片。

如图 11-18 所示是用热风工作台拆焊集成电路的示意图，其中，图（a）是拆焊 PLCC 封装芯片的热风嘴，图（b）是拆焊 QFP 封装芯片的热风嘴，图（c）是拆焊 SO、SOL 封装芯片的热风嘴，图（d）是一种针管状的热风嘴。针管状的热风嘴使用比较灵活，不仅可以用来拆焊二端元件，有经验的操作者也可以用它来拆焊其他多种集成电路。

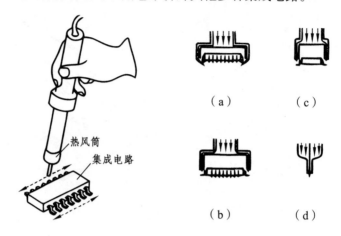

（a）　　　　（c）

（b）　　　　（d）

图 11-18　　用热风工作台拆焊集成电路的示意图

在图 11-18 中，虚线箭头描述了用针管状的热风嘴拆焊集成电路的时候，热风嘴沿着芯片周边迅速移动、同时加热全部引脚焊点的操作方法。

使用热风工作台拆焊元器件，要注意调整温度的高低和送风量的大小：温度低，熔化焊点的时间过长，让过多的热量传到芯片内部，反而容易损坏器件；温度高，可能烤焦印制板或损坏器件；送风量大，可能把周围的其他元器件吹跑，送风量小，加热的时间则明显变长，初学者使用热风台，应该把"温度"和"送风量"旋钮都置于中间位置（"温度"旋钮刻度"4"左右，"送风量"旋钮刻度"3"左右）；如果担心周围的元器件受热风影响，可以把待拆芯片周边的元器件粘贴上胶带，用胶带把它们保护起来；必须特别注意：全部引脚的焊点都已经被热风充分熔化以后，才能用镊子拈取元器件，以免印制板上的焊盘或线条受力脱落。

2. 用热风台焊接

使用热风工作台也可以焊接集成电路，不过，焊料应该使用焊锡膏，不能使用焊锡丝。可以先用手工点涂的方法往焊盘上涂敷焊锡膏，贴放元器件以后，用热风嘴沿着芯片周边迅速移动，均匀加热全部引脚焊盘，就可以完成焊接。

假如用电烙铁焊接时，发现有引脚"桥接"短路或者焊接的质量不好，也可以用热风工作台进行修整：往焊盘上滴涂免清洗助焊剂，再用热风加热焊点使焊料熔化，短路点在助焊剂的作用下分离，让焊点表面变得光亮圆润。

使用热风枪要注意以下几点：

（1）热风喷嘴应距欲焊接或拆除的焊点 1～2 mm，不能直接接触元器件引脚，也不要过远，同时要保持稳定。

（2）焊接或拆除元器件时，一次不要连续吹热风超过 20 s，同一位置使用热风不要超过 3 次。

（3）针对不同的焊接或拆除对象，可参照设备生产厂家提供的温度曲线，通过反复试验，优选出适宜的温度与风量设置。

11.4　BGA、CSP 集成电路的修复性植球

BGA（Ball grid array，球栅阵列或焊球阵列）工艺（见图 11-19）一出现，便成为 IC 封装的最佳选择之一。发展至今，BGA 封装工艺种类越来越多，不同的种类具有不同的特点，工艺流程也不尽相同。BGA 是一种高密度表面装配封装技术，在封装底部，引脚都成球状并排列成一个类似于格子的图案，由此命名为 BGA。

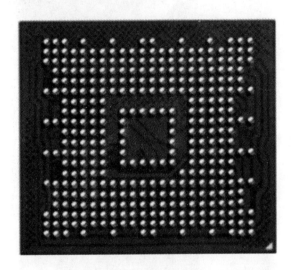

图 11-19　BGA 工艺

1. BGA 植球方法

（1）用风枪取下芯片（见图 11-20）。

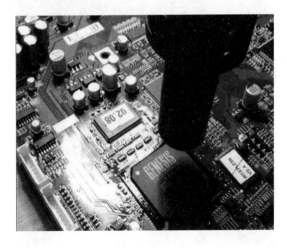

图 11-20　取下芯片

（2）吸锡带清理干净焊盘，芯片装入植球台（见图 11-21）。

图 11-21　装入植球台

（3）紧固螺丝（见图 11-22）。

图 11-22　紧固螺丝

（4）刷匀助焊膏（见图 11-23）。

图 11-23　刷匀助焊膏

助焊膏分有铅和无铅，有铅助焊膏不能用于无铅焊接，因为如果是用有铅助焊膏焊接无铅芯片，没等锡球达到熔点温度，助焊膏就已经挥发完了。推荐有铅无铅焊接统一使用优质无铅焊膏。加助焊膏的方法是在凉板的情况下，涂抹在芯片的一边或相对的两边（切忌在芯片四边都涂抹助焊膏，如果四边都涂焊膏，等于给它密封了，焊膏流不到芯片中心），涂抹的量要适当大一点。在加热过程中，焊膏会向芯片下方流动，并从其他几边流出，此时为了方便观察芯片下方锡球变化，可用棉签擦去流出的助焊膏。如果在加热过程当中发现助焊膏加的量少了，不能再次涂抹助焊膏，可用镊子夹住小块松香涂抹于芯片边上加助焊膏的位置。

（5）准备好锡球（见图 11-24）。

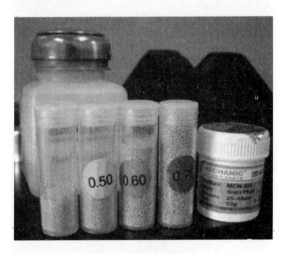

图 11-24　锡球

（6）对准植球网。

把印好助焊剂或焊膏的 BGA 器件放置在工作台上，助焊剂或焊膏面向上。准备一块 BGA 焊盘匹配的模板，模板的开口尺寸应比焊球直径大 0.05～0.1 mm，把模板四周用垫块架高，放置在印好助焊剂或焊膏的 BGA 器件上方，使模板与 BGA 之间的距离等于或略小于焊球的直径，在显微镜下对准（见图 11-25）。将焊球均匀的撒在模板上，把多余的焊球用镊子拔（取）下来，使模板表面恰好每个漏孔中保留一个焊球。移开模板，检查并补齐。

图 11-25　对准植球网

（7）对应焊盘放入锡球（见图 11-26）。

图 11-26　对应焊盘放入锡球

（8）放置完成（见图 11-27）。

图 11-27　放置完成

（9）移除钢网（见图 11-28）。

图 11-28　移除钢网

（10）用风枪慢慢加热。

最好用 BGA 返修台，一般要设置 20 段以上温度曲线，加热时间 3 ~ 5 min。预热区、升温区、焊接区、冷却区的升（降）温速率是不一样的，每个区的时间分配也是有讲究的。

① 第一升温斜率，温度从 75 ~ 155 ℃，最大值：3.0 ℃/s。

② 预热温度从 155 ~ 185 ℃，时间要求：50 ~ 80 s。

③ 第二升温斜率，温度从 185 ~ 220 ℃，最大值：3.0 ℃/s。

④ 最高温度：225 ~ 245 ℃。

⑤ 220 ℃ 以上的应保持在 40 ~ 70 s。

⑥ 冷却斜率最大不超过 6.0 ℃/s。

如果用了 BGA 返修台，在温度设得合适的情况下做板还起泡的话，绝对是板子受潮了，在加热的过程中水蒸气膨胀导致板起泡。特别是在一些气候比较潮湿的地区，主要原因也许是在拆焊 BGA 时，底部预热不充分，建议在做板之前将 BGA 和板一起预热几分钟（2 ~ 3 min 即可），保证板子干燥的情况下，再用上加热头加热拆焊（见图 11-29）。

图 11-29　加热头加热拆焊

（11）锡球融化完成植球（见图 11-30）。

图 11-30　锡球融化完成植球

（12）装好预热台对好芯片位置（见图 11-31）。

图 11-31　装好预热台对好芯片位置

（13）上下同时开工（见图 11-32）。

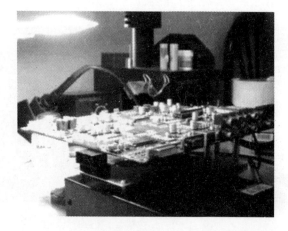

图 11-32　上下开工

（14）用镊子轻轻移动芯片，感觉焊接效果（见图 11-33）。

图 11-33　移动芯片

（15）焊接完成（见图 11-34）。

图 11-34　焊接完成

2. BGA 手工焊接注意事项

BGA 焊接的特点：主板由于尺寸、厚度、材料等关系，和芯片比起来导热性能要比芯片差很多，升温速度明显要慢很多，热透所花的时间要长很多，而在主板低温时，从芯片方向向下传导的热量，会很快被主板吸收，对于加热锡球起到的作用微乎其微。由此我们应注意以下两点：

（1）提前预热。

芯片毕竟是一个多层的结构，而且基板是 PCB 材料，因此它导热性能再好，也会存在上、下层的温差。而骤然间出现一个很大的温差很容易击坏芯片，由此我们提出第二个观点：

（2）热风型上加热必须要分好加热段。

根据经验，芯片承受高温的能力很强，但长时间承受高温的能力并不强，因此：

① 加热时间尤其是高温区加热时间要尽量缩短。

② 检查一旦发现锡球熔透了，马上停止上加热，进行下一步操作。

③ 焊接时一定要加助焊膏。

④ 锡球熔化时，从芯片上面给它一个向下的压力，让锡球和焊点充分接触。

3. BGA 手工焊接的几个问题

（1）为什么要提前预热？

主板升温比芯片升温要慢得多，如果主板温度很低，芯片传导下来的热量会被主板迅速散掉，对锡球温度提升作用有限，基本属于无效加热，而高温加热时间过长对芯片不利。

（2）BGA 芯片重焊应注意哪些问题？

① 操作应一气呵成，取下芯片后应乘热马上把芯片上的锡刮掉，主板不要从架子上取下来，处理完芯片之后再将板子上的焊锡刮掉。

② 主板和芯片上的焊锡不要刮得一点儿不剩，焊点上应保留少量的焊锡，这样有利于植球和焊接，但一定要将整个焊盘刮平。如果使用吸锡线刮完之后发现焊点刮得过于干净，一点儿锡都没剩，可用焊锡丝和铬铁稍微补上一点锡然后刮平。

③ 主板、芯片刮完锡之后要用酒精或洗板水把助焊膏擦干净，然后重新在焊盘上涂干净的焊膏，量要适当，最好是很薄的一层，但要每个点都涂到。助焊膏千万不能加得过多，加

多芯片会漂在焊膏上。

④ 无铅锡球比较难植，目前常用的操作方法是植有铅锡球代替原来的无铅锡球，我们推荐在用有铅球代无铅球时，球径应略大于原球径，如用 0.55 有铅球代 0.5 无铅球，0.65 有铅球代 0.6 无铅球。

（3）为什么拆焊、加焊无铅芯片的方法在焊接无铅芯片时不适用？

实际操作中可能会遇到焊无铅芯片的情况，比如更换新芯片。有过操作经验的用户可能发现了，同样的操作拆焊无铅芯片很顺利，而焊接无铅芯片时却锡球不熔，焊不上。那么这是什么道理呢？原因很简单，拆焊、加焊的时候锡球和焊盘接触是个小平面，而焊接时锡球和主板一面的接触是一个点，它的导热能力是不一样的。解决的方法是预热提高 10~20 ℃，或者推迟开上加热的时间，多预热一会就可以了。

（4）如何检查焊接是否合格？

① 焊接完成后，首先检查一下芯片是否焊平，从芯片的四边看，芯片的每边都应与主板平行，可以看到的锡球，没有拉长、压扁的情况。如果不是，那么可能是操作的问题，也可能是主板变形了。

② 检查一下残留的助焊膏，如果使用的是优质助焊膏，助焊膏应该保持透亮，并且芯片下的助焊膏量还要比较大。这样一方面锡球被助焊膏包裹，不易氧化，二是焊接完成时助焊膏仍然保持活性。反之如果助焊膏已基本挥发掉，残留在板上焊膏变黑，那么对成功率和牢固度都会有影响。

（5）连续操作应注意哪些问题？

如果用户需连续焊接操作，请注意在预热台温度降到 70 ℃ 以下时再进行下一步操作。

（6）加焊是否不如重新植球牢固？

不可能会有这样的事，无铅植球比较难，现在多是植有铅锡球，怎么可能有铅锡球会比无铅锡球焊得更牢固呢？只能是没有加焊好。由于加焊省时、省力，因此 BGA 手工焊接操作时应首选加焊。

11.5　SMT 印制电路板维修工作站

表面组装组件（SMA）在焊接之后，会或多或少地出现一些缺陷。在这些缺陷之中，有些属于表面缺陷，影响焊点的表面外观，不影响产品的功能和寿命，根据实际情况决定是否需要返修。但有些缺陷，如错位、桥接等，能够严重影响产品的使用功能及寿命，这个时候，必须对此类缺陷进行返修或返工。

完成返修必须采用安全而有效的方法和合适的工具。习惯上返修被看作是操作者掌握的手工工艺，实际上，高度熟练的维修人员也必须借助返修工具才可以使修复的 SMA 产品完全令人满意。目前，倒装芯片、CSP、BGA 等新型封装器件对装配工艺提出了更高的要求，对返修工艺的要求也在提高，此时手工返修已无法满足这种新要求。

11.5.1　SMT 电路板维修工作站简介

维修工作站实际是一个小型化的贴片机和焊接设备的组合装置，对采用 SMT 工艺的电路板进行维修，或者对品种变化多而批量不大的产品进行生产，SMT 维修工作站都能够发挥很好的作用。

维修工作站装备了高分辨率的光学检测系统和图像采集系统，操作者可以从监视器的屏幕上看到放大的电路焊盘和元器件电极的图像，使元器件能够高精度地定位贴片；高档的维修工作站甚至有两个以上摄像镜头，能够把从不同角度摄取的画面叠加在屏幕上，操作者可以通过监视屏幕仔细调整贴装头，让两幅画面完全重合，实现多引脚器件在电路板上的准确定位。对于任何 BGA 器件、Flip-Chip、QFN、MLF、QFP、PLCC、SOP、金属屏蔽罩、通孔 IC 座、通孔器件、柔性板，塑料元器件、异形器件、连接器等均具有优良的返修能力。

11.5.2　返修的基本过程

1. 取下故障元器件

将焊点加热至熔点，然后小心地将元器件从板上拿下。注意焊料必须完全熔化，以免在取走元器件时损伤焊盘。返修系统应保证这部分工艺尽可能简单并具有重复性。加热喷嘴对准好元器件以后即可进行加热，一般先从底部开始，然后将喷嘴和元器件吸管分别降到 PCB 和元器件上方，开始顶部加热。加热结束时许多返修工具的元器件吸管中会产生真空，吸管升起将元器件从板上提起。在焊料完全熔化以前吸起元器件会损伤板上的焊盘，"零作用力吸起"技术能保证在焊料液化前不会取走元器件。

2. PCB 预处理

在将新元器件换到返修位置前，该位置需要先做预处理。预处理包括两个步骤：除去残留的焊料和添加助焊剂或焊膏。

（1）除去焊料。

除去残留焊料可用手工或自动方法。手工方式的工具包括烙铁和铜吸锡线，手工工具用起来很困难，对于小尺寸 CSP 和倒装芯片焊盘还很容易受到损伤。自动化焊料去除工具可以非常安全地用于高精度板的处理（见图 11-35）。有些清除器是自动化非接触系统，使用热风使残留焊料液化，再用真空将熔化的焊料吸入一个可更换的过滤器中。清除系统一排一排依次扫过线路板，将所有焊盘阵列中的残留焊料除掉。对 PCB 和清除器加热要进行控制，以提供均匀的处理过程，避免 PCB 过热。

图 11-35　自动化焊料去除工具

（2）助焊剂、焊锡膏涂敷。

在返修工艺中，一般是用刷子将助焊剂直接刷在 PCB 上。CSP 和倒装芯片的返修很少使用焊锡膏，只要稍稍使用一些助焊剂就足够了。BGA 返修场合，焊锡膏涂敷的方法可采用模板或可编程分配器。许多 BGA 返修系统都提供一个小型模板装置来涂敷焊锡膏。但模板尺寸必须很小，除了用于涂敷焊锡膏的小孔就几乎没有空间了，由于空间小，因此很难涂敷焊锡膏并取得均匀的效果。

另一种工艺是用元器件印刷台直接将焊锡膏涂在元器件上（见图 11-36），该装置还可在涂敷焊锡膏后用作元器件容器，在标准工序中自动拾取元器件。焊锡膏也可以直接点到每个焊盘上，方法是使用 PCB 高度自动检测技术和一个旋转焊锡膏挤压泵，精确地提供完全一致的焊锡膏点。

图 11-36　元器件印刷台直接涂

SMT 维修工作站都备有与各种元器件规格相配的红外线加热炉、电热工具或热风焊枪，不仅可以用来拆焊那些需要更换的元器件，还能熔融焊料，把新贴装的元器件焊接上去（见图 11-37）。

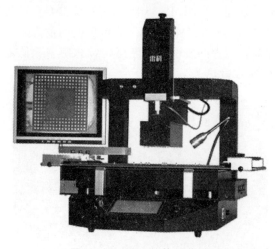

图 11-37　SMT 维修工作站

3. 元器件更换

（1）元器件对位。

返修系统的放置能力必须要能满足很高的要求。放置能力由两个因素决定：精度（偏差）

和准确度（重复性）。一个系统可能重复性很好，但精度不够，只有充分理解这两个因素才能了解系统的工作原理。重复性是指在同一位置放置元件的一致性，然而一致性很好不一定表示放在所需的位置上；偏差是放置位置测得的平均偏移值，一个高精度的系统只有很小或者根本没有放置偏差，但这并不意味放置的重复性很好。返修系统必须同时具有很好的重复性和很高的精度，以将器件放置到正确的位置。

（2）元器件放置。

返修工艺选定后，PCB 放在工作台上，元器件放在容器中，然后用 PCB 定位以使焊盘对准元器件上的引脚或焊球。定位完成后元器件自动放到 PCB 上，放置力反馈和可编程力量控制技术可以确保正确放置，不会对精密元器件造成损伤。

（3）线路板和元器件加热。

先进的返修系统采用计算机控制加热过程，并且应采用顶部和底部组合加热方式。底部加热用以升高 PCB 的温度，而顶部加热则用来加热元器件，元器件加热时有部分热量会从返修位置传导流走。使用大面积底部加热器可以消除因局部加热过度而引起的 PCB 扭曲。

　　静电（static electricity），是一种处于静止状态的电荷。在干燥和多风的秋天，人们常常会碰到这种现象：晚上脱衣服睡觉时，黑暗中常听到噼啪的声响，而且伴有蓝光；见面握手时，手指刚一接触到对方，会突然感到指尖针刺般刺痛，令人大惊失色；早上起来梳头时，头发会经常"飘"起来，越理越乱；拉门把手、开水龙头时都会"触电"，时常发出"啪、啪"的声响……这就是发生在人体的静电，也就是说当两个物体互相摩擦时，一个物体中一部分电子会转移到另一个物体上，于是这个物体失去了电子并带上"正电荷"，另一个物体得到电子并带上"负电荷"。电荷不能创造，也不能消失，它只能从一个物体转移到另一个物体。

12.1 静电及其危害

　　防静电的基本是防止产生静电荷或已经存在静电荷的地方如何迅速而可靠地消除。为了弄清哪些地方可能会产生静电，首先应知道静电产生的原因。

12.1.1 静电的产生

1. 接触摩擦起电

　　除了不同物质之间的接触摩擦会产生静电外，在相同物质之间也会发生，有时干燥的环境中当人快速在桌面上拿起一本书，书的表面也会产生静电。几乎常见的非金属和金属之间的接触分离均产生静电，这也是最常见的产生静电的原因之一（见图 12-1）。静电能量除了取决于物质本身外，还与材料表面的清洁程度、环境条件、接触压力、光洁程度、表面大小、摩擦分离速度等有关。

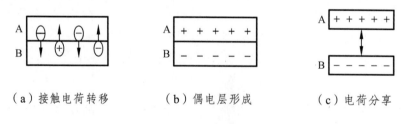

（a）接触电荷转移　　　　（b）偶电层形成　　　　（c）电荷分享

图 12-1　摩擦起电

2. 剥离起电

　　当相互密切结合的物体剥离时，会引起电荷的分离，出现分离物体双方带电的现象，称为剥离起电（见图 12-2）。剥离带电根据不同的接触面积、接触面积的黏着力和剥离速度而产生不同的静电量。

图 12-2　剥离带电

3. 断裂带电

材料因机械破裂使带电粒子分开，断裂两半后的材料各带上等量的异性电荷（见图 12-3）。

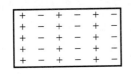
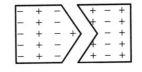

（a）破裂前正负电荷平衡　　　　（b）破裂后两端各带上异号电荷

图 12-3　断裂带电

4. 高速运动中的物体带电

物体的高速运动，其物体表面会因与空气的摩擦而带电。最典型的案例是高速贴片机贴片过程中因元器件的快速运动而产生静电，其静电压在 600 V 左右，特别是贴片机的工作环境通常湿度相对较低，器件因高速运动而产生的静电；对于 CMOS 器件来说，有时是一个不小的威胁。与运动有关的还有如清洗过程中，有些溶剂在高压喷淋过程中也会产生静电。

12.1.2　静电放电（ESD）对电子工业的危害

电子产品在生产、包装运输及装联成整机的加工、调试、检测过程中，难免受到外界或自身的接触摩擦而形成很高的表面电位。根据静电的力学和放电效应，其静电损坏大体上分为两类，这就是由静电引起的浮尘埃的吸附以及由静电放电引起的敏感元器件的击穿。

1. 静电吸附

在半导体和半导体器件制造过程广泛采用 SiO_2 及高分子物质的材料，由于它们的高绝缘性，在生产过程中易积聚很高的静电，并易吸附空气中的带电微粒导致半导体击穿、失效。为了防止危害，半导体和半导体器件的制造必须在洁净室内进行。同时洁净室的墙壁、天花板、地板和操作人员及一切工具、器具均应采取防静电措施。

2. 静电击穿和软击穿

超大规模集成电路集成度高、输入阻抗高，这类器件受静电的损害越来越明显。特别是金属氧化物半导体（MOS）器件，受静电击穿的几率更高。静电放电对静电敏感器件的损害主要表现：

（1）硬击穿。一次性造成整个器件的失效和损坏。

（2）软击穿。造成器件的局部损伤，降低了器件的技术性能，而留下不易被人们发现的隐患以致设备不能正常工作。软击穿带来的危害有时比硬击穿更危险。

12.2 静电防护

避免静电放电损害的最好方法是将敏感的元器件放在与其具有相同的电压潜能的环境中，合理的参考潜能是静电放电接地。避免静电放电损害的首要也是最重要的原则：将对静电敏感的元器件和与其接近的所有物体保持静电放电接地潜能。

1. 静电防护原理

对 SSD 进行静电防护的基本原则有两个：一是对可能产生静电的地方要防止静电的积聚，即采取一定的措施，减少高压静电放电带来的危害，使之边产生边"泄放"；二是迅速、安全、有效地消除已经产生的静电荷，即对已存在的静电荷积聚采取措施，使之迅速地消散掉，即时"泄放"。

2. 静电防护方法

（1）静电防护中所使用的材料。

对于静电防护，原则上不使用金属导体，因导体漏放电流大，会造成器件的损坏，而是采用表面电阻 $1 \times 10^5\ \Omega$ 以下的所谓静电导体，以及表面电阻为 $1 \times 10^5 \sim 1 \times 10^8\ \Omega$ 的静电亚导体。例如在橡胶中混入导电碳黑后，其表面电阻可控制在 $1 \times 10^6\ \Omega$ 以下，即为常用的静电防护材料。

（2）泄漏与接地。

对可能产生或已经产生静电的部位，应提供通道，使静电即时泄放，即通常所说的接地。通常防静电工程中，均需独立建立"地线"工程，并保证"地线"与大地之间的电阻小于 $10\ \Omega$。

静电防护材料接地的方法是：将静电防护材料如防静电桌面台垫、地垫，通过 $1\ M\Omega$ 的电阻连接到通向地线的导体上。

通过串接 $1\ M\Omega$ 电阻的接法是确保对地泄放电流小于 $5\ mA$，通常又称软接地，而对设备外壳，静电屏蔽罩通常是直接接地，则称为硬接地（见图 12-4）。

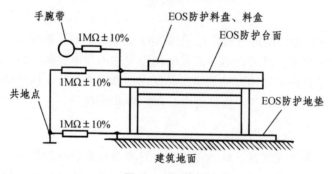

图 12-4　硬接地

3. 导体带静电的消除

导体上的静电可以用接地的方法使其泄漏到大地，一般要求在 $1\ s$ 内将静电泄漏至电压降至 $100\ V$ 以下的安全区，这样可以防止因泄漏时间过短，泄漏电流过大对 SSD 造成损坏。所以在静电防护系统中通常有 $1\ M\Omega$ 的限流电阻，将泄放电流控制在 $5\ mA$ 以下。这也是为操作者的安全而设计的。如果操作人员在静电防护系统中不注意触及到 220 V 的工业电压也不会带来危险。

4. 非导体带静电的消除

对于绝缘体上的静电，由于电荷不能在绝缘体上流动，故不能用接地的方法排除其静电荷，而只能用下列方法来控制。

（1）使用离子风机。离子风机可以产生正、负离子以中和静电源的静电。用于那些无法通过接地来泄放静电的场所，如空间、贴片机头附近（见图 12-5）。

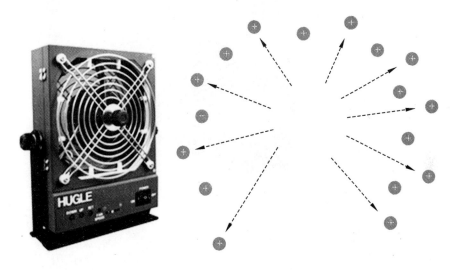

图 12-5　离子风机

（2）使用静电消除剂。静电消除剂是各种表面活性剂，通过洗擦的方法，可以去掉一些物体表面的静电，如仪表表面（见图 12-6）。

图 12-6　静电消除剂

（3）控制环境湿度。湿度的增加可以使非导体材料的表面电导率增加，故物体不易积聚静电。在工艺条件许可时，可以安装增湿机来调节环境的湿度，这种方法效果明显而且价格低廉（见图 12-7）。

（4）采用静电屏蔽。静电屏蔽是针对易散发静电的设备、部件、仪器而采取的屏蔽措施。通过屏蔽罩或屏蔽笼将静电源与外界隔离，并将屏蔽罩或屏蔽笼有效地接地（见图 12-8）。

图 12-7　控制环境湿度

图 12-8　静电屏蔽

5. 工艺控制法

目的是在生产过程中尽量少产生静电荷，为此应从工艺流程、材料选用、设备安装和操作管理等方面采取措施，控制静电的产生和积聚。当然具体操作应针对性地采取措施。

在上述的各项措施中，工艺控制法是积极的措施，其他措施有时应综合考虑，以便达到有效防静电的目的。

12.3　常用静电防护器材

静电防护器材主要分为两大类：防静电制品和静电消除器。防静电制品是由防静电材料制成的物品，主要作用是防止或减少静电的产生和将产生的静电放掉。而静电消除器用来中和那些在绝材料上积累的、无法用泄放方法消除的静电电荷。

12.3.1　防静电材料的制品

防静电材料制品的种类相当繁多，但主要可以归为以下几类：

（1）防静电服装和腕带防静电连体服。

防静电服装和腕带是消除人体防静电系统的重要组成部分，可以使消除或控制人体静电的产生，从而减少制造过程中最主要的静电来源。

防静电服装包括防静电的套装、大褂、鞋、帽，防静电手套，防静电指套，防静电脚束等（见图 12-9）。防静电服装是用不同色的防静电布制成。布料纱线含一定比例的导电纱，导电纱又是由一定比例的不锈钢纤维或其他导电纤维与普通纤维混纺而成。通过导电纤维的电晕放电和泄漏作用消除服装上的静电。由于不锈钢纤维属金属类纤维，所以，由它织成的防静电布料的导电性能稳定，不随服装的洗涤次数而变化。

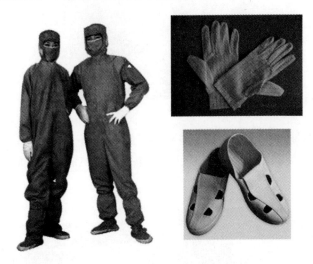

图 12-9　防静电服装

防静电腕带是操作人员在接触电子元器件时最重要的静电防护用品，通过接地通路，可以将人体所带的静电荷安全地放掉。它由防静电松紧带、活动按扣、弹簧软线、保护电阻及插头或夹头组成（见图 12-10）。松紧带的内层用防静电纱线编织，外层用普通纱线编织。

图 12-10　防静电腕带

（2）防静电包装和运输制品等。

防静电包装制品非常多，如防静电屏蔽袋、防静电包装袋、防静电海绵、防静电 IC 包装管、防静电元件盒（箱）、防静电气泡膜和防静电运输车等。这些包装制品除静电屏蔽用静电导体外，多数是用静电耗散材料制成的，也有些是用抗静电材料制作。目的都是对装入的电路或器件及印刷电路起静电保护作用。

（3）防静电地板和台垫。

防静电地坪和台垫也是静电防护工程中不可或缺的。防静电地坪的也有多种，按时效性分，有永久性的和临时性的；按材料分有导电橡胶、PVC、导电陶瓷等；按铺设方式分，有地面直接铺设的和架空的活动地板，可根据实际需要和成本决定。

如需要在地面走多种电缆、管道的环境（如计算机房），选择架空铺设的活动地板比较好（见图 12-11）。

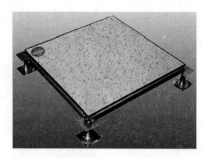

图 12-11　架空铺设的活动地板

防静电台垫主要是防静电复合胶板，主要用于铺垫桌面、流水线工作台面、货架及制作地垫等（见图 12-12）。材料面层分为草绿色，导电物质是抗静电剂；底层为黑色，导电物质是碳黑。

图 12-12　防静电台垫

除上述三大类产品外，还有其他一些防静电产品，如防静电电烙铁、防静电座椅、防静电椅套、防静电维修包等。其中防静电烙铁在后工序和维修中很常用。一般的电烙铁在焊静电敏感元器件时需要拔掉电源，而防静电烙铁采用直流温压电源，发热元件多选用具有恒温特性、静电电容小的材料，可极大地降低各种干扰杂信号。另外，烙铁还可作静电接地，可进一步消除烙铁头上的各种信号。所以，焊接时无需拔掉电源头。

12.3.2　静电消除器（消电器、电中和器或离子平衡器）

静电消除器也叫除静电设备，由高压电源产生器和放电极（一般做成离子针）组成，通过尖端高压电晕放电把空气电离为大量正负离子，然后用风把大量正负离子吹到物体表面以中和静电，或者直接把静电消除器靠近物体的表面而中和静电。静电消除器主要包括离子风机、离子风枪、离子风棒、离子风鼓、离子风蛇、离子风嘴、离子风帘、高压发生器、板面清洁机等（见图 12-13）。

1. 注意事项

（1）安装操作前须看产品说明书。

（2）连接高压电源供应器的插座必须可靠接地。

（3）易燃易爆的环境下不可操作离子风枪。

（4）不得擅自进行修理。

（5）使用离子风枪要轻拿轻放。

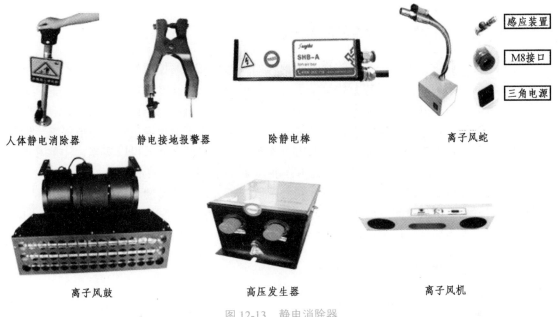

人体静电消除器　　　静电接地报警器　　　除静电棒　　　　　　离子风蛇

感应装置
M8接口
三角电源

离子风鼓　　　　　　　高压发生器　　　　　　　离子风机

图 12-13　静电消除器

2. 保养方法

（1）电源、气源要求。

① 电源必须有地线，且要保证充分接地。变压器必须保证良好接地，每次使用前要检查接地线旋钮是否旋紧。

② 所用气源必须经过有效过滤。有时二级过滤装置是需要的。过滤器要及时清洗。否则：水、油和尘埃/粉尘的微粒会进入离子发生室并附着于塑料部件内壁。累积到一定程度，离子针就会对其打火。结果塑胶部件逐步形成蜂窝状焦损，而离子排除量逐步减少；特别是产生了安全隐患。

（2）除静电效果调整。

① 除静电效果除静电时间与气压成反比。气压应为 0.3 ~ 0.7 MPa。

② 枪头、风嘴头与静电场的距离、角度均影响静电的效果，应注意调试直至满意为止。

（3）日常维护。

① 风枪/风嘴头易折断。风枪使用时注意防碰，使用后注意防摔。即使固定安装的风嘴，也要注意防止物件碰撞。

② 风枪气压调节阀适中、适量点入万能防锈润滑液。

③ 清洁离子风枪离子针和离子针室时要用无水酒精不能用天拿水。清洗时，先断电，然后用镊子将离子风枪头前面的小塑料盖（又叫空气加速器）拧下，用棉签沾上无水酒精清洗离子针和离子针室内腔，将里面的内渍、污垢清洗干净。

④ 离子风枪的给气最好加脚踏开关，或通过电磁阀与机械动作联动调控，既能提高使用效果，又能延长使用寿命。

12.4 电子整机作业过程中的静电防护

电子整机作业过程中生产车间的静电防护，如果无法有效的控制静电的话，不仅是导致不良产品流向市场，严重的话整个订单量都会被取消，所以防静电必须从根源上入手。为了达到防静电的目的，主要创造以下四个方面的基本条件：一是确实保证人体防护措施的落实；二是保证车间生产设备的静电防护；三是努力使生产车间和周围环境达到防静电要求；四是完善制度，制定操作规范，建立起严格的内审检查制度，确保该体系得以实施，注重对员工静电意识的培训；制定静电防护用品的技术标准，保证防护用品的质量。

在测控手段方面，对工作区增添温度和湿度监测每天记录温湿度、每月测量静电压、员工防静衣帽每洗一次后检测一次表面电阻和摩擦电压、防静电台垫等每年检测一次表面电阻、车间门口设置人体综合阻值测试仪、每月一次离子风机的平衡电压和静电消散时间。

12.4.1 工厂常用的静电防护对策

1. 工厂环境

作为工厂环境内的防静电对策的根本，应设置静电对策用接地线。不得已的情况除外，应与设备用接地线分离，单独铺设防静电对策用的接地线。

另外，与铺设接地线对策并用的还有湿度控制。如果湿度能控制在 50% ~ 60% 就能大幅有效防止静电的产生。

2. 作业环境

对作业台及作业椅子等工厂内使用物品的基本对策是连接接地线，确保静电的释放路径。换言之，在有带电可能性的场所使用表面电阻率在 $10^4 \sim 10^9\ \Omega \cdot m$ 之间的材料，并且与防静电对策用接地线相连接。另外，使用不锈钢钢板时，由于自身的电阻率较低，电流突然通过接地线就会造成半导体产品的破损和设备的漏电，所以从保护人身安全考虑应该在通路中加入 1 MΩ 的电阻。

3. 作业者

作业者防静电对策的基本是穿戴防静电服、静电手环和静电鞋。

通常情况下，人体和椅子及衣服摩擦、鞋与地面的摩擦等会产生数千伏的带电。防带电作业服可以抑制带电，并且静电可以通过静电手环和静电鞋接地，不对半导体放电。静电手环内置 1 MΩ（106 Ω）的电阻，目的是发生漏电时保护作业人员无触电危险。

其中最基本的要求是产线上所有接触半导体和基板的作业人员都应严格遵守各项规定。特别是向外来客人解说的人员和技术或生产技术担当者等，也就是说即使是平常作业者以外的人员不会接触到基板也应严格遵守。

4. 设备/治具

对设备/治具的静电对策基本上与作业台和作业椅的对策相同。也就是说，在有带电可能性的场所，应使用表面电阻率高（在 $10^4 \sim 10^9\ \Omega \cdot m$ 范围内）的材料，设备与治具都要用接地线相连接。

（1）传送带本体与回转部分应与接地线连接，无法连接的部分应用除电刷等进行除电。

（2）焊烙铁、电动或气动螺丝刀使用 3 芯型的，若用 2 芯的话要与接地线连接。

（3）镊子、刷子等用防静电专用刷。

（4）在治具设计时应特别注意选择不易带电的材料。

5. 基板存放

基板存放的防静电对策基本上分为两部分。首先，对静电耐压值以下的静电实施抑制管理；同时，除了对作业者采取措施之外还有必要注意用防静电袋来存放基板。其次，基板安装结束的部品因为回路设计时已进行了防护，部品单品的静电耐压值有提高，这是事实。但是，如果使用没有进行静电对策的周转箱就很容易带上数千伏的静电，所以有必要使用防静电的周转箱或者其它采取静电防护的周转车等存放。

6. 除电器

前面所陈述的接地对策，对导体来说是有效的，但对于绝缘体来说基本上没有什么作用。若是绝缘体带电的话，就算接地电荷也不会移动。对于带电的塑料和外壳除电，以及其他接地无法对策的情况，使用除电器就可以解决。另外，如果使用表面电位计检查带电状况后，接地也无法取得良好除电效果的话，有必要考虑是否应导入除电器。

7. 检　测

为了确认各种对策的效果，使用表面电位计测量电位。虽然有必要精确测量带电物体的电荷，但因为这种测量比较困难，所以现在采用的一般较广泛的电位测量。对生产中使用的作业台和作业椅、周转箱和插板、作业者等的带电电位进行测量。另外，作业台前放置导电垫时，测定接地电阻的同时，还应确定接地点的阻值是否在适合的范围内，这是非常重要的。

还有购入防静电周转箱和印刷基板收纳箱时，如果想知道其材质及导电率的话，可以测定表面阻率。

8. 管　理

采取的静电对策必须进行管理，要确认静电手环的导通和接地间的阻值。虽说静电手环的耐用性有很大的提高，但由于是极易断线和发生导通不良的物品，所以需要每天进行确认。

关于静电鞋，接地间的阻值不会急剧变动，但如果鞋底变脏会降低其导电性，所以还是有确认阻值的必要。

最后，为了识别静电对策品和未对策品，以及明示对策品，需要使用"防静电标识"并能有效识别多数的周转箱。

12.4.2　防静电的具体操作

（1）划分静电安全区域。

完整的导电材料及接地系统，使产生静电运动物体及时泄放或中和。通常规定在该区域内任意两点之间的静电电压不得超 100 V。

防静电工作区：由各种防静电设施、器件及明确的区域界限形成的工作场地（见图 12-14、图 12-15）。

图 12-14　防静电工作区

各种防静电提示

防静电地板，墙面，防静电提示贴

车间楼层，过道，防静电提示贴

工作台面静电皮
防静电提示贴

斑马线区域防静电提示贴

电子零件盒，防静电提示贴

周转箱，物料车，防静电提示贴

图 12-15　防静电的标志规范

（2）在静电安全区域使用或安装敏感元件（见图 12-16）。

图 12-16　静电安全区域

（3）用静电屏蔽容器运送敏感元件或电路板。

静电敏感元件应用封闭的导电容器存放或运输，只有在静电防护工作区或容器置在接地的静电表面，才可打开防静电容器（见图 12-17）。

把静电敏感元件放于周转箱或可再用静电电屏蔽袋Y中

图 12-17　运送敏感元件或电路板

（4）定期检测所安装的静电防护系统是否操作正常（见图 12-18）。

① 定期测试静电环及静电鞋的接地电阻是否介于百万至千万欧姆内。

② 定期测试桌垫接地电阻是否介于百万至千万欧姆之内并检查接地通路。

③ 测试在用屏蔽袋是否符合规格。

④ 及时向静电防护人员报告问题并予以记录。

图 12-18　定期检测

（5）确保供应商明白及遵从以上原则。

（6）其他防护措施。

① 避免静电敏感元件及电路板与塑胶制品或工具接触，如计算器、计算机及计算机线端。

② 把所工具及机器接上地线。

③ 用防静电桌垫。

④ 遵守公司的电气安全规定与静电防护规定。

⑤ 禁止没有戴手环的员工及客人接近静电防护工作站并立刻告知有关引致静电电破坏的可能。

13.1 SMT 生产实施步骤

SMT 生产实施步骤如图 13-1 所示。

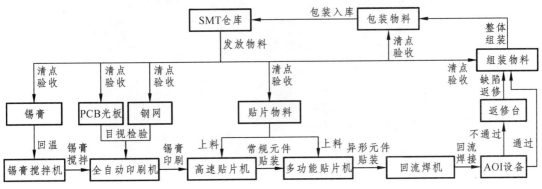

图 13-1　SMT 生产实施步骤

1. 发放物料

SMT 物料管理部门根据生产领料单发放物料，包括锡膏、PCB 光板、钢网、贴片物料、组装物料、包装物料等。SMT 物料管理部门发放物料如图 13-2 所示。

图 13-2　SMT 物料管理部门发放物料

2. 物料清点验收

SMT 生产部门领取生产物料后，需要对领取的物料进行数量清点及物料检验，确保生产物料能正常使用，物料清点验收如图 13-3 所示。

图 13-3　物料清点验收

需检查验收的内容如下。

（1）锡膏：锡膏使用遵循先入先出的原则，检查锡膏是否在使用期内，检查锡膏包装是否有破损或密封不良。

（2）PCB 光板：检查 PCB 光板包装是否有破损、PCB 是否有损坏、PCB 是否出现焊盘氧化现象，并核对 PCB 版本号是否与生产程序备注的版本号一致。

（3）钢网：检查钢网外观有无损坏或出现老化拉伸现象，并核对钢网型号是否与 PCB 版本号一致。

（4）贴片物料：检查贴片物料型号是否与物料清单以及贴片机程序中的型号一致，并检查物料引脚有无出现氧化现象。

（5）组装物料：检查产品组装外壳及配件是否有损坏。

（6）包装物料：检查包装盒等包装物料是否有损坏或与产品不一致。

3. 锡膏回温搅拌

锡膏检查验收合格后，即可放置在锡膏回温区进行回温。在 25 ℃ 环境下要求锡膏回温时间不能低于 4 h，因此锡膏回温应在生产前 4 h 开始。回温时间足够后，即可使用锡膏搅拌机对锡膏进行搅拌，搅拌时间一般设置为 3 ~ 5 min，搅拌过程中注意不能打开锡膏瓶盖。锡膏回温搅拌如图 13-4 所示。

图 13-4　锡膏回温搅拌

4. PCB 光板与钢网准备

PCB 光板检查验收合格后，可拆开真空密封包装备用，如图 13-5 所示。钢网检查验收合格后，按操作规程安装到全自动印刷机中，并设置好相关参数。

图 13-5　PCB 光板

5. 贴片机上料

贴片物料验收合格后，按照规格装到供料器上，并根据贴片机程序的站位安排将装好物料的供料器安装到相应的站位上，对各供料器进行吸料位置校正。贴片机上料如图 13-6 所示。

图 13-6　贴片机上料

6. 锡膏印刷

将已经回温搅拌好的锡膏用锡膏搅拌刀添加到已安装好的钢网上的适当位置，PCB 光板放置到全自动印刷机导轨上，切换全自动印刷机到正式生产状态，开始 PCB 锡膏印刷。印刷完毕，目测印刷质量，如果出现较大偏移或其他印刷质量问题，须将 PCB 光板上的锡膏清理干净并清洗好 PCB 后重新印刷。

7. 元件贴装

将印刷好锡膏并通过检查的 PCB 放置到贴片机入口处，开始元件贴装，如图 13-7 所示。贴装时，按照先小后大，先贴常规元件、再贴异形元件的顺序进行，以保证元件贴装的稳定性。贴装完毕进行炉前目检，检查元件贴装质量，若出现严重贴装质量问题，须将 PCB 上已贴装好的元件及锡膏清理干净并清洗好 PCB 后重新印刷、贴装。

图 13-7　元件贴装

8. 回流焊接

将贴装好元件并通过检查的 PCB 放置到回流焊机入口处，开始回流焊接，如图 13-8 所示。等待回流焊接完毕并充分冷却后，进行炉后目检，若出现严重焊接质量问题须马上停止回流焊接操作并报告上级进行故障排除后方可继续进行。出现问题的 PCBA（已完成贴片回流焊接制程的 PCB）需要放置到指定的缺陷 PCBA 区域，以备核查。没有焊接质量问题的 PCBA 统一放置到周转箱中。

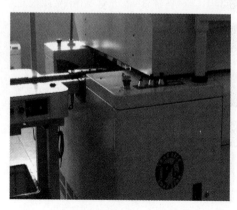

图 13-8　回流焊接

9. AOI 检测

将周转箱中回流焊接完毕并通过检查的 PCBA 移交到 AOI 岗位，对每一块 PCBA 进行 AOI 检测，经检测确定有缺陷的 PCBA 在缺陷处贴好标签，与无缺陷的 PCBA 分开存放到不同的周转箱中，AOI 检测如图 13-9 所示。

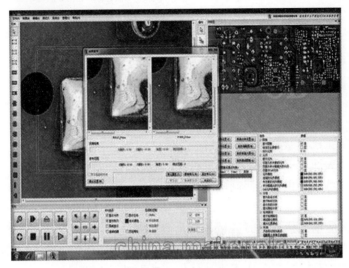

图 13-9　AOI 检测

10. 焊接缺陷返修

将经 AOI 检测确定有缺陷的 PCBA 移交到返修岗位进行返修，如图 13-10 所示，返修完毕移除缺陷标签并存放到无缺陷 PCBA 周转箱中。若出现无法返修的 PCBA，则将 PCBA 上的重要元件拆除后，将 PCB 放置到报废周转箱中。

图 13-10　焊接缺陷返修

11. 整体组装

将无缺陷 PCBA 需要焊接安装的线材焊接好，并将其准确安装到产品的外壳上，紧固好螺钉。组装完毕进行最后的整体功能检测，检测无故障的放置到无故障产品周转箱中，有故障的则放置到故障产品周转箱中移交维修部门进行维修。

12. 包装入库

组装并检测完毕，将产品表面清理干净，并将产品按照包装要求进行包装。包装完毕即可装箱入库。

13.2 SMT 生产实施注意事项

在 SMT 生产实施过程中，应注意以下问题。

1. 安全注意事项

（1）机器上禁止放置杂物。

（2）所有设备表面要保持清洁，不允许乱写乱画、随意粘贴。

（3）关机后再重新开机的时间间隔不得少于 15 s。未经允许禁止随意更改计算机内程序、软件。

（4）操作人员应清楚机器运行区域，防止被机器碰撞。

（5）控制面板上的各功能键必须单人操作，即只允许一个人操作机器按键。

（6）机器正常工作时，任何人不得非法操作机器的控制器。

（7）确保红色紧急停止按钮工作正常。需要在机器后部工作时，必须使设备停止运行。

（8）在设备运行状态下，禁止身体任何部位进入设备运行范围内。

（9）在没有约定的情况下，禁止两人或两人以上同时操作机器。

（10）如有特殊或紧急情况，应马上按下红色紧急停止按钮。

（11）在设备运行状态下，应放下防护盖。

（12）禁止随意拨动车间内开关，防止出现意外断电或触电事故。

（13）设备操作人员在生产中应严格按操作规程工作，对不了解的项目，必须有技术员指导后方能单独操作。

2. 锡膏印刷工序注意事项

（1）印刷过程中要严格按照工艺要求操作，单次印刷的板不要超过 25 片。

（2）印刷好锡膏的 PCB 须在 2 h 内贴装并过回流焊机焊接。

（3）钢网尽量使用酒精清洗，也可适当使用甲苯等其他溶剂，但要注意做好防护。

（4）清洗 PCB 时，PCB 表面、过孔必须彻底清洗干净。

（5）印刷时，刮刀压力和速度不可过大，以免损坏钢网。

（6）在生产中，环保与非环保产品、锡膏和生产工具都要严格区分。

（7）认真做好锡膏使用记录。

（8）印刷机 PCB 定位平台高度要合适，防止过高而导致印刷时伤钢网。

（9）刮刀上的干锡膏要及时彻底清理干净。

3. 贴片工序注意事项

（1）PCB 上标识应清楚，标记不能写在贴片焊盘上，防止覆盖焊盘造成焊接不良。

（2）贴片操作换料时要注意，物料的规格型号与物料清单应一致，且尽量使用同一厂家的物料。

（3）贴片操作接料时应将所接料空出 3~4 个空料位。

（4）将印刷好锡膏的 PCB 放入贴片机时，注意不要碰到 PCB 上的锡膏。

（5）装拆供料器时注意不要碰撞到贴片头的 CCD 镜头及吸嘴。

（6）在清理 CCD 镜头时，要用干净布或镜头纸擦拭；如镜头有油污可蘸少许酒精擦拭，禁止用酒精以外的任何溶剂擦拭。

（7）贴片机突然断电或死机时，必须将吸嘴从贴片头上取出放在吸嘴站里，再重新开机。

（8）在开始贴装或移动贴片机贴片头组前，必须检查吸嘴是否安装到位、移动范围内是否有高于贴片头的物品，以免撞坏贴片头。

（9）给贴片机安装供料器之前，应将供料器安装台底部散料彻底清扫干净。

（10）贴片机更换产品时，要重新定位工作台上的定位针，并彻底清扫其上面的散料。

（11）贴片机操作人员不得擅自进入设备测试、设备设定项目，不得擅自更改系统数据。

（12）禁止在装贴运行状态下给设备安放供料器。

（13）禁止在装贴运行状态下在机器后部拉动元器件覆盖膜。

4. 回流焊接工序注意事项

（1）操作中注意不要把头、手放到机器移动范围内。

（2）出现紧急情况时，应立刻按红色紧急停止按钮。

（3）对回流焊机炉膛进行操作时，应戴好防高温的手套或其他安全防护用具。

（4）未经允许不得随意修改回流焊机程序内容。

（5）在生产过程中若发现过炉后的 PCB 有虚焊、短路或其他问题时，操作员应及时上报。

（6）回流焊机运行时不可随意操作机器上的其他开关。

（7）出现故障时应及时上报，并停止设备运行。

缩略词中英对照

简称	英文全称	中文解释
SMT	Surface Mounted Technology	表面组装技术
SMD	Surface Mount Device	表面安装器件
DIP	Dual In-line Package	双列直插封装
QFP	Quad Flat Package	四边引出扁平封装
PQFP	Plastic Quad Flat Package	塑料四边引出扁平封装
SQFP	Shorten Quad Flat Package	缩小型细引脚间距 QFP
BGA	Ball Grid Array Package	球栅阵列封装
PGA	Pin Grid Array Package	针栅阵列封装
CPGA	Ceramic Pin Grid Array	陶瓷针栅阵列矩阵
PLCC	Plastic Leaded Chip Carrier	塑料有引线芯片载体
CLCC	Ceramic Leaded Chip Carrier	塑料无引线芯片载体
SOP	Small Outline Package	小尺寸封装
TSOP	Thin Small Outline Package	薄小外形封装
SOT	Small Outline Transistor	小外形晶体管
SOJ	Small Outline J-lead Package	J 形引线小外形封装
SOIC	Small Outline Integrated Circuit Package	小外形集成电路封装
MCM	Multil Chip Carrier	多芯片组件
MELF	Metal Electrode Leadless Face	圆柱型无脚元件
D	Diode	二极管
R	Resistor	电阻
SOC	System On Chip	系统级芯片
CSP	Chip Size Package	芯片尺寸封装
COB	Chip On Board	板上芯片

[1] 韩满林. 表面组装技术[M]. 北京：人民邮电出版社，2014.

[2] 张立鼎. 先进电子制造技术[M]. 北京：国防工业出版社，2000.

[3] 张文典. SMT 生产技术[M]. 南京：南京无线电厂工艺所，1993.

[4] 何丽梅. SMT 表面组装技术[M]. 北京：机械工业出版社，2006.